电 路 实 验

赵 莉　刘子英　编

西南交通大学出版社
·成 都·

内 容 简 介

本书按照教育部工科电工课程教学指导委员会关于电路课程及电路实验教学的基本要求，在总结了作者多年的电路原理课程和电路测试技术实验课程的教学经验及在原实验教材的基础上编写而成。本书系统介绍了电路实验的基础知识，仪器仪表的基本知识，电路基本电量的测量方法和测量误差处理；介绍了仿真软件 Multisim 的使用与仿真实验（5 个仿真实验），电路实验（20 个技能训练实验）和综合设计实验（6 个综合实验）。本书注重提供与实验技能和实际工程研究相关的基本知识和训练，注重培养学生进行基本实验设计的能力。

本书可作为全日制电工类各专业电路实验课程的教材，也可供有关工程技术人员参考。

图书在版编目（C I P）数据

电路实验 / 赵莉，刘子英编. —成都：西南交通
大学出版社，2018.11（2021.1 重印）
ISBN 978-7-5643-6552-3

Ⅰ. ①电… Ⅱ. ①赵… ②刘… Ⅲ. ①电路 – 实验 –
高等学校 – 教材 Ⅳ. ①TM13-33

中国版本图书馆 CIP 数据核字（2018）第 249614 号

电路实验

赵　莉　刘子英　编

责任编辑	张文越
封面设计	何东琳设计工作室
出版发行	西南交通大学出版社
	（四川省成都市二环路北一段 111 号
	西南交通大学创新大厦 21 楼）
发行部电话	028-87600564　028-87600533
邮政编码	610031
网址	http://www.xnjdcbs.com
印刷	四川森林印务有限责任公司
成品尺寸	185 mm×260 mm
印张	14.25
字数	356 千
版次	2018 年 11 月第 1 版
印次	2021 年 1 月第 2 次
书号	ISBN 978-7-5643-6552-3
定价	39.00 元

前　言

　　电路实验是电类学生进入技术基础课学习的第一门实验课程，是获得实验技能和科学研究方法基本训练的重要环节。该课程所培养的工程实践知识、基本技能及素质，是学习其他各门实践课程必须具备的。加强实验训练特别是技能的训练，对提高学生分析问题和解决问题的能力，特别是毕业后的实际工作能力，具有十分重要的意义。为此，我们按照教育部工科电工教学指导委员会关于电路课程的基本要求编写本教材，以满足电路实验课程的教学需要。

　　本书共分七章。前两章分别介绍电路测试技术的基本知识、电路测试技术等。后四章分别介绍仿真软件、仿真实验、基本技能实验和综合性实验，共计 31 个实验（包括仿真实验）供选择。用书者可根据自己的实验条件和学时安排选择本书的部分实验，或从某个实验中选取其一部分内容。本书适合于不同层次不同条件电路实验教学需要。

　　本书由赵莉、刘子英编写，并对全书进行统稿。赵莉绘制了全书电路图。各章节分工如下：邸荣光编写了绪论、第一章，韦宝泉编写了第二章、第七章，傅钦翠编写了第三章、第四章，刘子英编写了第五章实验 5.1 至实验 5.13，赵莉编写了第五章实验 5.14 至实验 5.20、第六章。

　　本书的编写工作，得到华东交通大学电气与自动化工程学院电工基础教学部及实验室老师的大力支持及配合，在此一并表示衷心感谢。

　　由于编写时间仓促，编者水平所限，书中不当之处，敬请读者批评指正。

编　者

2018 年 11 月

目　录

绪　论

进入 21 世纪后，我国社会、经济和科学技术发生了一系列重大变革。随着知识经济的全球化、科学技术革命的全球化以及我国产业结构的大调整，社会对高等学校的人才培养提出了更新、更高的要求：不仅要对学生实施全面素质教育，而且更重视对学生创新能力、实践能力和创业精神的培养。对于电类专业大学生，必须加强工程基础学科教育，使之毕业后经过一段时间的实际工作锻炼，成为一名合格的电气或电子信息工程师。

一、实践教学环节在新世纪高等教育中的作用与地位

实践教学是学生自身体验、自己动手、自主完成的教学过程，相对于课堂理论教学更加具有直观性、综合性、创新性，有着理论教学不可替代的作用，体现了教育与生产劳动的结合。实践教学对于提高学生的综合素质、培养学生的创新精神与实践能力具有特殊作用，因此，实践教学环节在电类高等工程教育整体方案中占有极其重要的地位。它是整体教育方案中一个极其重要的有机组成部分，也是当前电类高等工程教育和教学改革的核心之一。

二、"电路实验"的作用、地位及其教学内容

1. "电路实验"课程的作用与地位

"电路实验"是电类学生学习的第一门电类实践性课程。该课程所培养的工程实践知识、基本技能及素质，是电工类与电子信息类专业的学生学习其他各门实践课程必须具备的，因此，它在专业教学计划中应属于实践性的技术基础课，是培养电工、电子等工程技术人员的基本实验技能的重要一环。

2. "电路实验"课程的教学内容

本课程的教学内容主要由基本实验技术理论、基本实验技能及相关实验内容、虚拟实验等组成。

1）基本实验技术理论

电工类与电子、信息类等各专业的学生，应学会用理论去指导自己的工程测试实践。本课程的实验技术理论包括电气工程与电子、信息工程中涉及的一般电量的基本测试方法和调试方法；正确操作测试过程以及科学处理测试数据与分析测试结果；掌握各种电路元器件及典型应用电路的实际知识；电路的 CAD 等技术理论知识。

2）基本实验技能

基本实验技能是"电路实验"课程内容的重要组成部分之一。通过本课程的学习与训练，应使学生得到一定的基本技能训练，例如，正确布线和连接电路，焊接，组装，测量与调试，初步分析和排除电路故障，正确使用常用电工仪表与设备及常用电子仪器与设备，查阅手册和资料，等等。

3）实验内容

实验与理论分析是对同一学科进行研究的两种同等重要的手段。"电路"课程是通过理论分析和计算来研究各种类型电路在不同性质激励下所产生的响应的一门课程，而"电路实验"课程则是通过各种测试技术和测试方法，即通过实验的手段来测定各种类型电路在不同性质激励下的响应的一门课程。显然，这两门课程是对同一领域进行研究，因此，"电路实验"课程的大部分实验内容与"电路"课程的教学内容相同。但由于两门课程研究的手段和方法截然不同，该两门课程内容体系也就不同，各自在教学计划中的作用也不同，不能互相代替，也不是从属关系。

本教材包含了直流电路、交流电路、动态电路、有源电路及双口网络内容在内的共计20个基本实验，它有利于学生验证和理解电路中的重要基本概念和基本理论，熟悉电工、电子测量中的基本仪器、仪表的原理和使用，掌握一些基本的测试方法，对学生进行基本技能的训练和整个实践环节的思维与过程训练，达到工程师的基本水平。为了培养学生综合应用所学理论知识去分析解决实际问题的能力、工程设计能力与独立工作能力，本课程还有综合性、设计性的实验内容，即让学生设计出具有一定功能、能达到一定技术指标要求的电路，并制作与装配成实际电路装置，继而调整、测量达到技术指标要求。

4）虚拟实验

其基本思想是，用软件方法虚拟各种电路元器件及各种测试仪器和仪表，即实现"软件即仪器""软件即元器件"。这是当今计算机技术飞速发展的必然结果，是人们从事电路、电子与电工实验研究，实现电子设计自动化的一次新的飞跃。本教材介绍了仿真软件 Multisim10 的使用方法，这样不仅可以弥补实验设施的不足，而且可以更有效地激发学生的学习兴趣，提高设计能力。

总之，通过本课程的学习，应掌握电气工程与电子信息工程中所涉及的基本实验技术理论，同时受到相关的基本技能的训练，提高用基本理论分析问题与解决问题的能力，在实践过程中培养严肃认真的科学态度和细致踏实的工作作风，为今后的专业实验、生产实践与科学研究打下坚实的基础。

三、"电路实验"课程的学习方法

为了达到本课程的教学要求与目的，在学习过程中应注意以下几点：

（1）本课程是一门理论性和实践性都很强的课程。

本课程不仅与实验技术理论有关，还与"电路"课程有关，因此大部分实验技术理论的学习和实验内容的理解，是通过实验前的预习过程自学的，这十分有利于培养学生的自学能力。只要认真预习，就能明确实验的任务与要求，理解实验内容，在实验中适当得到教师的指导就能按要求完成实验任务，然后撰写实验报告，总结分析实验结果，从理论上提高对所做实验的认识。其实整个过程也是培养学生独立工作能力的过程。本课程的学习规律主要是：通过自学来学习实验技术理论知识，课堂教学以实验为主，每个实验都要经历预习、实验、总结三个阶段。

①　预习。

实验效果的好坏与实验的预习密切相关。其任务是弄清实验原理，明确实验目的和任务，了解实验的方法和步骤，并对实验过程中要观察的现象、要记录的数据及应注意的事项做到心中有数。一般还要对实验结果进行定量或定性分析，得出理论计算结果或做出估计。

②　实验。

按预习方案进行测试。实验过程既是完成测试任务的过程，又是锻炼实验能力和培养实验作风的过程。在实验中，既要动手，又要动脑。认真观察实验现象和正确读取数据，做好原始数据的记录（注意：数据不能用铅笔记录），培养实事求是的科学态度。沉着、冷静地分析和处理实验中所遇到的各种实际问题。

③　总结。

在完成实验测试后，整理实验数据，若发现原始数据不合理，不得任意涂改，应当分析问题所在，并正确绘制实验曲线，对实验结果做出初步的分析、解释，总结实验的收获与体会，写出符合要求的实验报告。

（2）要自觉、主动地应用已学理论知识去指导实验及总结实验结果。

要从理论上来分析测试电路的工作原理与特性、可能出现的实验现象及实验中存在产生误差的原因等，根据实验中观察到的实验现象进行理论分析后确定调试措施，分析实验结果是否合乎理论逻辑与理论值的差异，确定实验结果及评价其正确度或精密度、准确度等。

（3）注意实际知识与经验的积累。

许多实际知识和经验要靠实践过程中长期积累才能丰富起来。实验中所用的仪器和元器件的型号、规格及参数、使用方法等都要记录下来。要记住实验中出现的各种现象与故障的特征、排除的方法。特别是实验中的经验教训，要进行认真总结。

（4）要充分发挥自己的主观能动性，自觉地、有意识地锻炼自己的独立工作能力。

实验预习、实验操作过程及实验总结所遇到的各种问题，力求通过自学解决，不要依赖老师指导，要有克服困难的精神，经得起失败与挫折。当学生通过自己的努力将失败转变为成功时，必定大有收获，能积累出更多的经验。

第一章　电路测试技术的基础知识及基本要求

第一节　概　论

一、测试技术的分类

测试技术主要研究被测量的测量原理、测量方法、测量仪器和测量数据处理等。测量就是将被测量与同类单位量进行比较。人们所要研究的内容和测量的量是非常丰富的，通常任何一个信息（或任何一种物质运动）包含着多种信号（或者说多个量），而一个信号（或量）又含着不同信息。根据具体被测量，从不同观点出发，测试技术有不同的分类法。

测试技术所要测量的被测对象，一般包括下列几类：

（1）有关电磁能的量，如电流、电压、功率、电能、电（磁）场强度等；

（2）有关电信号特征的量，如频率、相位、波形参数、脉冲参数、频谱、相位关系等；

（3）电路参量，如电阻、电容、电感、品质因数、功率因数等，此外还有网络特性参数，如传递函数、增益、灵敏度、分辨率、频带宽度等；

（4）非电参量，如温度、压力、重量、速度、位移、长度、振动等。

二、电测试技术的特点

测试技术所涉及的知识面广泛，被测对象相当繁杂。但实践证明，不管是电量或非电量均采用电量测量法，这是因为电量测量法具有突出优点。

（1）量程范围大。量程是测量范围上限值与下限值之差。一台多量程电磁仪表可达几个数量级，一台数字频率计的量程可达十几个数量级。

（2）频率范围广。电子仪器的测量频率除了针对直流电量外，还可以测量 10^{-4} Hz 至 THz（1 THz = 10^{12} Hz）的信号。

（3）测量准确度高。目前电磁仪表的误差可小到 10^{-3}，而数字频率计准确度可达 10^{-13} 数量级。由于目前频率测量的准确度最高，人们常常把其他参数变换成频率信号再进行测量。

（4）测量速度快。一般电磁测量速度很容易达到 $10^{2} \sim 10^{3}$ 次/s，而在自动控制中的数据采集速度可高达 10^{6} 次/s 或更高。

（5）易于实现多功能、多量程的测量。以微机为核心组成的智能仪器可实现自动转换量程、多路数据采集和数据处理功能，还能由直接测量得到的结果通过换算求得其他参数的值，从而实现多功能测量。

（6）易于实现遥测和测量过程的自动化。由于电信号可作长距离传输，有利于远距离操作与自动控制。尤其是智能仪器具有自动调节、自动校准、自动记忆等功能。

三、测量过程

测量过程一般包括三个阶段：

① 准备阶段。明确被测量的性质及测量所要达到的目的，然后选定适当的测量方式、方法，进而选择相应的测量仪器。

② 测量阶段。给定测量仪器所必需的测量条件，仔细按规定进行操作，认真记录测量数据。

③ 数据处理阶段。根据记录的数据，结合测量的条件，进行数据处理，以求测量结果和测量误差。

四、测量手段

测量要通过量具、仪器、测量装置或测量系统来实现。

1. 量　具

它是体现计量单位的器具。量具中的一小部分可直接参与比较，但多数量具要用专门的设备才能发挥比较好的功能。例如，利用标准电阻测量电阻，需要通过电桥。由于使用量具进行测量操作麻烦，所以，在实际工程测量中较少使用量具，而是广泛使用各种直读式仪器。

2. 仪　器

仪器是指一切参与测量工作的设备。它包括各种直读仪器、仪表、非直读仪器、量具、测试信号源，电源设备以及各种辅助设备。如电压表、电流表、频率计、示波器等。

3. 测量装置

由几台测量仪器及有关设备所组成，用以完成某种测量任务的整体，称为测量装置。

4. 测量系统

它是由若干不同用途的测量仪器及有关辅助设备所组成，用以完成多种参量的综合测试的系统。

五、测量方法

测量方法是指完成测量任务所采用的方法。从不同角度出发，测量方法的分类也不同。

从如何得到最终测量结果的角度分类，测量方法可分为直接测量法、间接测量法与组合测量法；从如何获取测量值的角度分类，测量方法分为直读式和比较式。下面分别介绍。

1. 直接测量法

借助于测量仪器将被测量与同性质的标准量进行比较，直接测出被测量的数值，该方法称为直接测量法。这种方法的特点是所测得的数值就是被测量本身的值。其优点是测量过程简单，缺点是测量精度难于提高。例如精度最高的磁电系电流表仅为 0.1 级。

2. 间接测量法

首先测量与被测量有确定函数关系的其他物理量，然后根据函数关系式计算出被测量，该方法称为间接测量法。例如，导线的电阻率 ρ 不便于用直接测量法测量，这时可通过直接测量导线的电阻 R、长度 l 和直径 d，由式 $\rho = \pi d^2 R / 4l$ 求得电阻率的值，这种测量方法常可得到较高的测量精度，实验室中常用这种方法。

3. 组合测量法

当被测量有多个，虽然被测量与某中间量有一定函数关系，但由于关系式中有多个未知量，需要改变测试条件，测出一组数据，经过求解联立方程组才能得到测量结果，这样的测量方法称为组合测量法。

4. 直读式测量法

用指示仪表直接读取被测量的数值，称为直读式测量法。用这种方法测量时，标准量具不直接参与测量过程，而是先用标准量具对仪表刻度进行校准，然后以间接方法实现被测量与标准量的比较，如用磁电系电压表测量直流电动机的端电压。这种测量方法的测量过程简单、方便，但测量精度较低。在工程测量中广泛采用此测量方法。

5. 比较法

根据被测量与标准量进行比较时的特点不同，比较法又可分为零位法、微差法和替代法等。

1）零位法

在测量系统（或装置）中用指零仪表将被测量与标准量进行比较，并连续改变标准量使指零仪表指示为零（即测量装置处于平衡）的测量方法称为零位法。例如用天平测重就是属于零位法。

零位法的优点是测量精度比较高，但测量过程较复杂，不适用于测量变化迅速的信号。

2）微差法

用测量未知的被测量与已知的标准量之差值，来确定被测量数值的测量方法，称为微差法。通常使标准量 N 与被测量 X 很接近，因此若选用灵敏度高的直读式仪表来测量差值 Δ，即使测量 Δ 的精度不高，也能达到较高的测量精度。例如：若 $\Delta \approx 0.01X$，而测量 Δ 的误差为百分之一，那么总的测量误差仅为万分之一。

微差法的优点是反应快，测量精度高，特别适用于在线控制参数的测量。

3）替代法

在测量装置中，调节标准量，使得用标准量来代替被测量时测量装置的工作状态保持不变，用这样的办法来确定被测量称为替代法。

替代法大大地减小了内部和外部因素对测量结果的影响，使测量结果准确度仅取决于标准量的准确度和测量装置的灵敏度。

第二节　电测量仪表的一般知识

一、概　述

电气测量仪表按被测量的种类分，有交流仪表和直流仪表两大系列；按结构特征分，有模拟指示仪表、数字仪表、记录仪表、积算仪表和比较仪表，此类仪表可为安装式固定在屏、柜、箱上，也可为携带式；按测量功能分，常用的有电流表、电压表、欧姆表、功率表、功率因数表、频率表、相位表、同步指示器、电能表和多种用途的万用电表等。此外，还有电量变送器和变换器式仪表；试验用的仪表和仪器有：电桥、绝缘电阻表、接地电阻测量仪、测量用互感器、谐波分析仪、电压闪变仪、示波器等。

二、电测量指示仪表

测量各种电磁量的机电式（指针式或模拟式）仪器、仪表，称电测量指示仪表，它们是最常用的一类电工仪表，用来测量电压、电流、功率、频率、相位、电阻等参量的直读仪表。其特点是直接将被测量转换为仪表的偏转角位移，并通过指示器在仪表标尺上指示出被测量的数值。同时它们与各种传感器相结合，还可以用来测量非电量。例如，温度、压力、速度等。因此，几乎所有科学和技术领域中都要应用各种不同的电测量仪表。它是目前经常采用的一种基本测量仪表。

机电式电测量指示仪表又称直读式仪表。应用直读式仪表测量时，测量结果可直接由仪表的指示器读出，测量过程不需要对仪表进行调节。因此，有测量迅速、使用方便、结构简单及价格便宜等一系列优点。且读数直观，并能据此判断和估计被测量的变化范围和变化趋势，这一特点是当前广泛应用的数字式仪表也不能取代它的原因。所以，它仍然是目前生产和科研的各个部门最常用的仪表，如安培表、伏特表、瓦特表等。图 1.2.1 为 91L4 型指针式电压表，图 1.2.2 为 MA1H 型指针式万用表。

图 1.2.1　91L4 型指针式电压表

图 1.2.2　MA1H 型指针式万用表

1. 电测量指示仪表的分类

① 根据指示仪表工作原理分类：主要有磁电系、电磁系、电动系、静电系、整流系、热电系等。其中，以磁电系、电磁系、整流系仪表应用最为广泛。

② 根据被测量的名称分类：主要有电流表（安培表、毫安表、微安表）、电压表（伏特表、毫伏表、微伏表）、功率表、高阻表（兆欧表）、欧姆表、电度表（瓦时表）、相位表（功率因数表）、频率表以及万用表等。

③ 根据使用方式分类：主要有安装式、便携式。

④ 根据仪表的工作电流种类分类：主要有直流仪表、交流仪表、交直流两用仪表。

⑤ 按仪表准确度等级分类：主要有 0.1、0.2、0.5、1.0、1.5、2.5、5.0 等七级仪表。

⑥ 按使用的条件分类：可分为 A、B、C 三组。

⑦ 按仪表外壳防护性能分类：主要有普通式、防尘式、防溅式、防水式、水密式、气密式、隔爆式等。

2. 仪表的构成

通常电测量指示仪表由两个基本部分组成，即测量机构和测量线路，其方框图如图 1.2.3 所示。

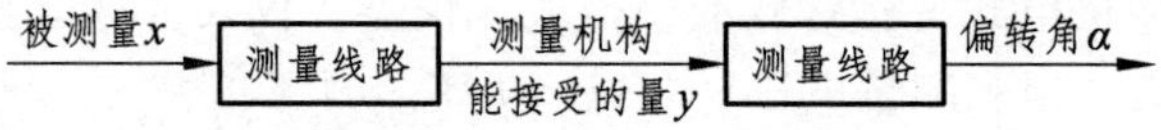

图 1.2.3　指示仪表的组成方框图

测量线路是能够把被测量 "x"（如电流、电压、功率等）变换成适用于测量机构接受的量 "y" 的线路，如功率表的附加电阻、电流表的分流电阻等。

测量机构是实现电量到非电量（偏移指示量）的电磁机构，它是仪表的核心部分。

3. 指示仪表的基本工作原理

无论是哪一种指示仪表，在它的测量机构中都具有产生转动力矩、反作用力矩和阻尼力矩的部件。仪表工作时，这三个力矩同时作用于它的可动部分上，使得仪表活动部分按一定规律偏转，反映被测电量的大小。

1）转动力矩 M

转动力矩一般由被测量加到测量机构上所产生的电磁力而建立，它的大小与被测量 x 和仪表的偏转角 α 有关，故可以把 M 看作 x 与 α 的函数，即

$$M = F_1(x, \ \alpha) \tag{1.2.1}$$

式中，x 为被测量；α 为可动部分的偏转角。

在 M 作用下，测量机构的可动部分偏转角变化 $\mathrm{d}\alpha$，则可动部分在 M 作用下所做的功为 $M \times \mathrm{d}\alpha$，它应与测量系统中磁场能量或电场能量的变化 $\mathrm{d}A$ 相等，即

$$M \times \mathrm{d}\alpha = \mathrm{d}A$$

则
$$M = \frac{\mathrm{d}A}{\mathrm{d}\alpha}$$
（1.2.2）

式中，A 为测量机构系统的能量。

可见，对于不同种类的指示仪表，只要写出它的测量机构系统的能量表达式，就可以由式（1.2.2）求得其相应的转动力矩表达式。测量机构中产生转动力矩的部分称为驱动装置。

2）反作用力矩 M_α

测量机构中，除了转动力矩外，还要有一个反作用力矩作用在测量机构的活动部分上，它的方向与转动力矩的方向相反，其大小是仪表可动部分偏转角的函数，即：

$$M_\alpha = F_2(\alpha)$$
（1.2.3）

一般 M_α 随 α 的增大而增大，当 $M_\alpha = M$ 时，作用在活动部分上的合力为零，仪表的可动部分将静止在这一平衡位置，这时：

$$M = M_\alpha$$

即
$$F_1(x, \ \alpha) = F_2(\alpha)$$

因此
$$\alpha = F(x)$$
（1.2.4）

由上式可见，指示仪表可动部分在测量时所偏转的角度 α 的大小取决于被测量 x 的数值，从而实现了由电量 x 到人眼可见的非电量——偏转角 α 的转换。测量机构中产生反作用力矩的部分叫控制装置。

3）阻尼力矩 M_P

阻尼力矩的作用是使活动部分尽快地稳定在平衡点。阻尼力矩的大小与活动部分的偏转速度成正比，方向与活动部分的运动方向相反，即：

$$M_P = \rho \frac{\mathrm{d}\alpha}{\mathrm{d}t}$$
（1.2.5）

式中，ρ 为阻尼系数。

上式表明，当活动部分偏转快时，M_P 大，它使活动部分偏转慢下来；当活动部分稳定在平衡位置时，$\frac{\mathrm{d}\alpha}{\mathrm{d}t} = 0$，则 $M_P = 0$，阻尼力矩消失。可见，阻尼力矩只影响可动部分的运动状态，而不影响偏转角 α 的大小。测量机构中产生阻尼力矩的部分称为阻尼装置。

总之，每种测量机构通常都应包括驱动装置、控制装置和阻尼装置三部分，它们所产生的三种力矩作用在活动部分上，使指针的偏转角能够反映被测量的大小，并且使指针尽快地稳定在平衡位置上。不同的测量机构实现这三部分的结构不完全一样，产生这三种力的原理也不相同。

4. 电测量指示仪表的主要技术特性

技术特性是衡量电测量指示仪表质量的主要依据，不同品种、不同用途的仪表所应具备的技术特性，在国家标准中作了明文规定，下面介绍几个主要的技术特性。

1）灵敏度

仪表偏转角 α 对被测量 x 的导数称为仪表对被测量 x 的灵敏度，即

$$s = \frac{\mathrm{d}\alpha}{\mathrm{d}x} \tag{1.2.6}$$

式中，s 为仪表灵敏度；x 为被测量；α 为指针的偏转角。

仪表的灵敏度决定于仪表的结构和线路，它反映了仪表所能测量的最小被测量。例如 $1\,\mu\text{A}$ 的电流通入某微安表时，如果该表的指针能偏转 2 个小格，则微安表的电流灵敏度就是 $s = 2\,\text{div}/\mu\text{A}$。对准确度要求高的测量，对仪表灵敏度要求也高。选用仪表时，要根据测量的要求选择灵敏度合适的仪表。

通常将灵敏度的倒数称为仪表常数，以 C 表示，标尺刻度均匀的仪表常数为

$$C = \frac{1}{s} = \frac{\mathrm{d}x}{\mathrm{d}\alpha} \tag{1.2.7}$$

2）准确度

仪表的准确度高低用其等级来表征。选用仪表的等级要与测量所要求的准确度相适应。通常，0.1 级和 0.2 级仪表多用作标准仪表以校准其他工作仪表，一般实验室用 0.5 级 ~ 2.5 级仪表，配电盘的仪表等级可更低一些。

3）仪表本身所消耗的功率

绝大多数测量指示仪表在工作时都要消耗一定的电能，该电能的大部分将转换为仪表线路元件所消耗的热能，使元件温度升高，并带来相应的误差。另外，若仪表消耗功率过大，还将改变被测电路的工作状态，引起误差。所以降低功率损耗，在一定程度上能提高仪表灵敏度和准确度，扩大使用范围。

4）仪表的阻尼时间

阻尼时间是指从被测量接入到仪表指针摆动幅度小于标尺全长 1%（$0.01a_m$）所需要的时间 t_s（见图 1.2.4 所示）。为了读数迅速，阻尼时间越短越好。一般不得超过 4 s，对于标尺长度大于 150 mm 者，不得超过 6 s。

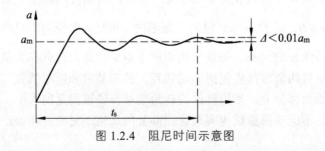

图 1.2.4　阻尼时间示意图

5）其　他

希望受外界因素影响小，有良好的读数装置（如刻度均匀），有足够高的绝缘电阻和耐压能力以保证使用安全。

5．指示仪表的表面标记

为了反映各仪表的主要技术特性，在每一电测量指示仪表的标度盘上，都绘有许多标志符号，以表征其技术性能和使用要求等。表1.2.1、1.2.2列出了一些常见标志符号及其含义。掌握这些符号的含义有助于正确使用仪表。这些符号分别表示仪表的工作原理、型号、被测量的单位、准确度等级、正常工作位置等。

表 1.2.1　测量单位的符号

名称	符号	名称	符号
千安	kA	太欧	TΩ
安培	A	兆欧	MΩ
毫安	mA	千欧	kΩ
微安	μA	欧姆	Ω
千伏	kV	毫欧	mΩ
伏特	V	微欧	μΩ
毫伏	mV	相位角	φ
微伏	μV	功率因数	$\cos\varphi$
兆瓦	MW	无功功率因数	$\sin\varphi$
千瓦	kW	库仑	C
瓦特	W	毫韦伯	mWb
兆乏	MVar	毫韦伯/米²	mT
千乏	kVar	微法	μF
乏	Var	皮法	pF
兆赫	MHz	亨	H
千赫	kHz	毫亨	mH
赫兹	Hz	微亨	μH

表 1.2.2　仪表的种类、工作原理、准确度等级的符号

符号	名称	符号	名称
——	电流表		磁电系仪表
∿	交流表		电动系仪表
≂	交直流表		铁磁电动系仪表
≋	三相交流表		电磁系仪表

符号	名称	符号	名称
(V)	电压表	⊗	电磁系仪表（有屏蔽）
(A)	电流表	⊓⊲	整流式仪表
(W)	功率表	I	防御外磁场能力第一级
kWh	电度表	△B	使用条件 B
(0.5)	0.5 级	—	水平使用
0.5		⊓	
2 kV / ☆2	仪表绝缘试验电压 2 000 V	↑	垂直使用

准确度等级 0.1～5.0 表示在 20 ℃ 的条件下，仪表位置正常，没有外界磁场影响下，它的最大相对误差为±0.1%～±5.0%。

使用条件分成 A、B、C 三个等级，A 表示此表适用于温度 0 ℃～45 ℃，湿度为 85%以下的工作环境；B 表示此表适用于温度 −20 ℃～50 ℃，湿度为 85%以下的工作环境；C 表示此表适用于温度 −40 ℃～60 ℃，湿度为 98%以下的工作环境。

防御能力分成 Ⅰ（一级防磁）：在有外界磁场作用的场所仪表最大误差 0.5%；Ⅱ（二级防磁）：在有外界磁场作用的场所仪表最大误差 1.0%；Ⅲ（三级防磁）：在有外界磁场作用的场所仪表最大误差 2.5%；Ⅳ（四级防磁）：在有外界磁场作用的场所仪表最大误差 5.0%。

三、数字式仪表

应用数字和模拟电子线路实现电学量的测量，并以数字显示测量结果的电工仪表。数字仪表是随电子技术的进步而发展起来的。第一台数字电压表于 1952 年问世，采用电子管电路控制继电器工作。以后，数字仪表又采用半导体电路。70 年代以来随着集成电路的出现，较简单的数字式面板表、小型多用表中只用几块集成电路芯片。80 年代已出现具有很高计量性能的微机化数字电表。

数字仪表无论是在测量方法、原理、结构或操作方法上都完全不同于指针式仪表。指针式仪表可以自动地给出测量结果，但测量结果是从指针相对于刻度盘的位置读出来的，并非数字量，而电桥，电位差计是数字指示，但其测量过程必须有人参加平衡调节，并非自动进行。

数字仪表按用途分为数字电压表、数字电流表、数字频率表、数字功率表、数字相位表、数字万用表等。

1. 数字仪表的构成

图 1.2.5 所示为数字仪表的典型电路。其中输入电路具有衰减、放大、整形等功能，使被测信号适合于后面的转换电路；转换电路将被测信号进一步变换成正比于该信号的电脉冲数或频率；计数电路记录电脉冲数或测定信号的频率；测量结果由显示电路用数字显示出，或以某种编码形式输出；基准电路产生标准电压值或标准时间间隔，并送入转换电路，以实现被测信号的准确转换；控制电路对上述 5 个电路实施协调一致的控制，使电表在启动之后自动完成重复测量。转换电路是数字仪表的核心，输入电路和基准电路的质量对准确度有较大的影响。不同的数字仪表具有不同的转换电路，其他电路则大同小异。图 1.2.6 为 DT9202 型数字万用表的外形及面板。

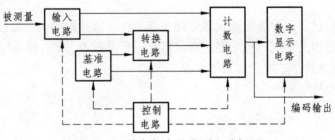

图 1.2.5　数字仪表的典型电路框图

图 1.2.6　DT9202 型数字万用表外形及面板

2. 数字仪表的主要特点

① 准确度高。如现代的数字电压表测量直流的准确度可以达到满度的 0.001%甚至更小。

② 输入阻抗高。吸收被测量功率很少，如在现代的数字电压表中，基本量限的输入阻抗

高达 25 000 MΩ，输入阻抗高于 1 000 MΩ 的数字电压表是常见的。

③ 使用方便。由于测量结果直接以数字形式给出，显示数据读出非常方便，没有读数误差。

④ 测量速度快。有些数字电压表的测量速度每秒可达几万到几十万次之多。

⑤ 灵敏度高。现代的积分式数字电压表的分辨率可达 0.01 μV。

⑥ 操作简单。测量过程自动化，可以自动地判断极性、切换量程。

⑦ 可以方便地与计算机配合。数字仪表可以把测量结果编码输出给计算机，以便进一步计算和控制。

数字式仪表目前主要缺点是：结构复杂、成本高、线路复杂、维修困难。但是，随着电子工业的发展，大规模集成电路工艺水平的提高，数字式仪表的上述缺点将越来越小。

3. 使用数字仪表或电子仪器注意事项

① 使用前应仔细阅读仪表、仪器使用说明书，了解其性能、工作原理、使用条件及使用方法等，绝不可盲目使用。

② 通电前应先检查仪器的各开关旋钮是否已置于正确位置，应养成不随意扳动开关、转动旋钮的习惯。

③ 通电后要经过一段预热时间仪器才能正常工作。预热时间的长短视仪器的种类而定。

④ 在预热过程中及使用过程中要注意仪器有无异常现象，如：烧焦气味、冒烟、异常响声等，如有异常现象发生，应立即关闭电源。

⑤ 搬动仪器要轻拿轻放。

第三节　测量误差

任何测量，不论是直接测量还是间接测量，都是为了得到某一物理量的真值，但由于受测量工具准确度的限制、测量方法的不完善、测量条件的不稳定以及经验不足等原因，任何物理量的真值是无法得到的，测量所能得到的只是其近似值，此近似值与真值之差称为误差。即不论用什么测量方法，用任何的量具或仪器来进行测量，总存在误差，测量结果总不可能准确地等于被测量的真值，而是它的近似值。因此，应根据误差的性质及其产生的原因，采取措施使误差降低到最小。为此，必须具备误差的基本知识。

一、测量误差的表示方法

测量误差通常用绝对误差与相对误差两种方法表示。

1. 绝对误差 Δx

绝对误差又称为绝对真值误差。它可表示为被测量的给出值 x 与其真值 A_0 之差。

$$\Delta x = x - A_0 \qquad\qquad (1.3.1)$$

在测量中给出值 x 一般就是被测量的测得值，但它也可以是仪器的显示值、量具或元件的标称值（或名义值）、近似计算的近似值等。

在某一确定的时空条件下，被测量的真值是客观存在的，但真值很难完全确定，而只能尽量接近它。在一般测量工作中，如某值达到了规定要求（其误差可忽略不计），则可用此值来代替真值。实际工作中，一般把标准表（即用来检定工作仪表的高准确度仪表）的示值作为实际值 A 来代替真值 A_0。除了实际值可用来代替真值使用外，还可以用已修正过的多次测量的算术平均值来代替真值使用。

由上可见，绝对误差的实际计算式为：

$$\Delta x = x - A \qquad (1.3.2)$$

绝对误差可能是正值或负值，当 x 大于 A 时，Δx 是正值；当 x 小于 A 时，Δx 是负值。

我们定义与绝对误差 Δx 大小相等，符号相反的量值为修正值 c，即

$$c = -\Delta x = A - x \qquad (1.3.3)$$

在比较准确的仪器中，常用表格、曲线或公式的形式给出修正值，供使用者在获得给出值后，根据式（1.3.3）加以修正以求出实际值。对于智能化仪器，其修正值可以先编成程序贮存在仪器中，在测量过程中仪器可以对测量结果自动进行修正。即

$$A = x + c \qquad (1.3.4)$$

例如，某电流表的量程为 1 mA，通过检定而得出其修正值为 – 0.002 mA。若用它来测量某一未知电流，得示值为 0.78 mA，由此被测电流的实际值为：

$$A = 0.78 + (-0.002) = 0.778 （mA）$$

值得注意的是，仪器的示值与仪器的读数往往容易混淆，实际两者是不同的。读数是指从仪器的刻度盘、显示器等读数装置上直接读到的数字，而示值则是该读数所代表的被测量的数值，有时，读数与示值在数字上相同，但实际上它们是不同的。通常需要把所读的数值经过简单计算，查曲线或数表才能得到示值。例如，一只线性刻度为 0~100 分格，量程为 500 μA 的电流表，当指针指在 85 分刻度位置时，读数是 85，而示值却是

$$x = \frac{85}{100} \times 500 = 425 （μA）$$

因此，在记录测量结果时，为避免差错和便于查对，应同时记下读数及其相应的示值。

有时还用理论计算值代替真值 A_0，例如，正弦交流电路中理想电容和电感上电压与电流的相位差为 90°。

2. 相对误差 γ

绝对误差的表示具有直观的优点，但其大小往往不能确切地反映测量的准确程度，无法比较两个测量结果的准确程度。

例如，测量两个电压的结果，一个是 10 V，绝对误差为 0.5 V，另一个是 100 V，绝对误差为 1 V。仅根据绝对误差的大小无法比较这两个测量结果的准确度。第一个绝对误差小，

但占示值的 5%；而第二个绝对误差大，却只占示值的 1%。为弥补绝对误差不能表示测量精度的不足，人们提出了相对误差的概念。相对误差又分为实际相对误差、示值相对误差、引用相对误差（或满度相对误差）等。

工程上，凡是要计算出测量结果的，一般都用相对误差表示。

实际相对误差是用绝对误差 Δx 与被测量的实际值 A 之比的百分数来表示，记为

$$\gamma_A = \frac{\Delta x}{A} \times 100\% \tag{1.3.5}$$

示值相对误差是用绝对误差 Δx 与被测量的测得值 x 之比的百分数来表示，记为

$$\gamma_x = \frac{\Delta x}{x} \times 100\% \tag{1.3.6}$$

引用相对误差（或满度相对误差）是用绝对误差 Δx 与仪器的满刻度值 x_m 之比的百分数来表示，记为

$$\gamma_m = \frac{\Delta x}{x_m} \times 100\% \tag{1.3.7}$$

实际上，由于仪表各示值的绝对误差并不相等，其值有大有小，符号有正有负，为了能唯一地评价仪表的准确度，将式（1.3.7）中分子用仪表标度尺工作部分所出现的最大绝对误差 Δx_m 来代替 Δx，则式（1.3.7）变为

$$\gamma_{nm} = \frac{\Delta x_m}{x_m} \times 100\% \tag{1.3.8}$$

式（1.3.8）中 γ_{nm} 称为最大引用误差。用它来衡量仪表的基本误差。根据国家标准 GB776-76《电测量指示仪表通用技术条件》规定，用最大引用误差表示电工仪表的基本误差，也即表示电工仪表的准确度等级。

所谓仪表的准确度等级是指仪表在规定的工作条件下测量时，在它的标度尺工作部分的所有分度线上可能出现的最大基本误差的百分数值。各准确度等级的指示仪表在规定条件下使用时的基本误差不允许超过仪表准确度等级的数值关系，如表 1.3.1 所示。

表 1.3.1　仪表的准确度等级与其基本误差

仪表的准确度等级 a	0.1	0.2	0.5	1.0	1.5	2.5	5.0
基本误差（%）	±0.1	±0.2	±0.5	±1.0	±1.5	±2.5	±5.0

从表（1.3.1）中可见，准确度等级的数值越小，允许的基本误差就越小，表示仪表的准确度就越高。从式（1.3.8）可知，在只有基本误差影响的情况下，仪表的准确度等级的数值 a 与最大引用误差的关系为

$$a = \frac{|\Delta x_m|}{x_m} \times 100\% \tag{1.3.9}$$

若用准确度等级为 a 的仪表，在规定的工作条件下进行测量的最大绝对误差一定满足

$$\Delta x_m = \pm x_m \cdot a\% \qquad\qquad (1.3.10)$$

测量的最大相对误差

$$\gamma_m = \frac{\Delta x_m}{x} \times 100\% = \frac{\pm a\% \cdot x_m}{x} \times 100\% \qquad\qquad (1.3.11)$$

这里特别要说明两个问题。

① 从式（1.3.9）~ 式（1.3.11）可看出，仪表的准确度对测量结果的正确度影响很大。在一般的情况下，仪表的准确度并不等于测量结果的正确度，后者与被测量的大小有关，当被测量较大使仪表指示偏转为满刻度偏转时，测量结果的正确度才等于仪表的准确度，因此，不能把仪表的准确度与测量结果的正确度混淆。

② 当选定了准确度等级 a 的仪表后，被测量的值 x 愈接近 x_m（即满量程），则相对误差就愈小，故实际测量中，应合理选择仪表的量程，使指针尽可能工作在满刻度的 2/3 以上的区域。也就是说，尽量不要用大量程去测量小的电量。

例如，要测量约 10 V 的电压，现有两块电压表，一块量程为 150 V、1.5 级，另一块量程为 15 V、2.5 级。选用哪块电压表合适呢？

若选第一块电压表，示值 U_x 的绝对误差

$$\Delta U \leqslant U_m \times (\pm a\%) = 150 \times (\pm 1.5\%) = \pm 2.25 \text{ V}$$

若选第二块电压表，示值 U_x 的绝对误差

$$\Delta U \leqslant U_m \times (\pm a\%) = 15 \times (\pm 2.5\%) = \pm 0.375 \text{ V}$$

由此计算结果说明，应选量程为 15 V，2.5 级的电压表去测量，绝对误差更小，其被测电压示值若为 10 V，则被测电压的测量结果应为 (10±0.375) V。

此例说明，在实际测量工作中，不能片面地追求高准确度等级的仪表，而应根据被测量的大小，兼顾仪表的量程、准确度等级两个因素，合理选用仪表。

二、误差的分类及其产生的原因

根据测量误差的性质及其特点，一般将其分为系统误差、随机误差与粗大误差三类。

1. 系统误差

在相同测量条件下多次测量同一被测量时，误差的绝对值和符号保持恒定，或在条件改变时按某种确定规律变化的误差，称为系统误差。

产生系统误差的原因可能有以下几个方面：

① 由于测量所用的仪器设计和制造上的固有缺点而引起的测量误差，例如，仪表准确度等级所决定的误差。常用的电测量指示仪表、电子测量仪器的示值都有一定的系统误差。

② 装置、附件产生的误差。为测量创造必要的条件，或为使测量方便地进行而使用的装置、附件引起的误差。例如，电源波形失真程度；三相电源的不对称程度；连接导线、转换开关、活动触点等的使用；测量仪表零点未调准等都会引起误差。

③ 由于测量时的环境因素影响而产生的误差，称为环境误差。如温度、湿度、气压、震动、电磁场、风效应、阳光照射、空气中含尘量等环境条件引起测量仪表指针指示不准而引起误差。

仪器、仪表按规定的正常工作条件使用所产生的示值误差是基本误差（即由仪表准确度等级决定的误差），当使用条件超出规定的正常工作条件而增加的误差是附加误差（即环境误差）。

④ 由于观测者生理、心理上的特点和固有习惯的不同，所引起的误差，称为人身误差。例如，生理上的最小分辨角、记录某一信号时滞后或超前的趋向、读数时习惯地偏向一个方向等人为因素都会引起测量误差。

⑤ 由于测量方法不完善或理论不严密所引起的误差。例如，当用电压表和电流表根据伏安法测电阻时，若没有计算接入仪表对测量结果的影响，则计算出的电阻值中必定含有此测量方法所引起的误差。

系统误差的最大特点是有一定的规律性，一旦掌握了其规律，就可通过改变测量方法或仪器的结构等技术途径加以消除或削弱；另一个特点是重现性，即在相同条件下，进行多次测量，重现出保持恒定的绝对值和符号的系统误差。

系统误差的大小可反映出测量结果偏离真值的程度，系统误差愈小，测量结果就愈正确，因此，系统误差可决定测量结果的正确度。

2. 随机误差

随机误差是在实际相同的测量条件下多次测量同一被测量时，误差的绝对值与符号以不可预定方式变化的误差。

产生随机误差的原因主要是由那些对测量值影响微小，又互不相关的多种偶然因素所引起的。诸如电网电压的变化，环境（如热扰动、噪声干扰、电磁场的微变、空气扰动、大地的微震等）的偶然变化，测量人员感觉器官的各种无规律的微小变化，等等，都会使测量结果存在随机误差。

由于这些因素的影响，尽管从宏观上看测量条件没有什么变化，比如仪器准确度相同、周围环境相同，测量人员同样的细心工作，等等，但只要测量仪表灵敏度足够高，就会发现各次测量结果都有微小的不同，这种不同就说明测量结果中含有随机误差。

在任何一次测量中都不可避免的会有随机误差，并且在相同条件下进行多次重复测量，随机误差时大时小，时正时负，完全是随机的。目前，人们对它还没有足够的认识，因此，它没有规律，不可预定也不能控制，使得无法用实验的方法来消除它。

一次测量的随机误差没有规律，但在多次测量中随机误差是服从统计规律的。因此可以通过统计学的方法来估计其影响。欲使测量结果有更大的可靠性，应把同一种测量重复多次，取多次测量值的平均值作为测量结果来削弱随机误差对测量结果的影响。

随机误差服从统计规律的主要特点：

① 有界性。在一定的测量条件下，随机误差的绝对值不会超过一定的界限。

② 单峰性。在多次测量中，绝对值小的随机误差出现的概率大，而绝对值大的随机误差出现的概率小。

③ 对称性。绝对值相等的正负随机误差出现的概率相同。

④ 抵偿性。在等精度的无限多次测量中，随机误差的代数和为零（即抵偿）。

3．粗大误差（也称疏忽误差）

在一定的测量条件下明显地歪曲测量结果的误差称为粗大误差，产生它的主要原因是测量中操作错误，如读错、记错、算错、测量方法错误、测量仪器有缺陷等。

含有粗大误差的测量值称为坏值或异常值，正确的测量结果不应该含有粗大误差，所有的坏值均应剔除，在做误差分析时要考虑的误差只有系统误差与随机误差两类。

为了更直观地了解上述三种误差，常以打靶为例来说明。图 1.3.1 给出打靶时可能出现的三种情况。

（a）有随机误差和粗大误差的情况　（b）有恒定系统误差的情况　（c）有变化系统误差的情况

图 1.3.1　用弹着点分布情况说明误差的性质

图 1.3.1（a）中，弹着点都密集于靶心，说明只有随机误差而不存在系统误差，在靶角上的点是粗大误差造成的。图 1.3.1（b）中，弹着点密集之处偏于靶心的一边，这是系统误差存在的结果。图 1.3.1（c）中，弹着点中心不断有规律地变化，这是变化的系统误差造成的。

从图 1.3.1 中还可以看出，一个精密度高（相当于弹着点非常密集）的测量结果，有可能是不正确的（未消除系统误差），只有消除了系统误差之后，精密测量才能获得正确的结果。

要进行精密测量，必须消除系统误差，剔除粗大误差，采用多次重复测量取平均值来消除随机误差的影响，从而得到测量结果的最可信赖值。

三、测量的正确度、精密度与准确度

测量技术中常用到描述测量结果与被测量真值之间相互关系的三个术语，即测量的正确度、精密度与准确度。

① 正确度。表示测量结果中系统误差大小的程度，指在规定的测量条件下所有系统误差的综合。系统误差越小，表示测量值偏离被测量的实际值越小，正确度越高。

② 精密度。表示测量结果中随机误差大小的程度，指在一定的测量条件下进行多次测量时所得各测量结果之间的符合程度。随机误差越小，重复测量时所得的结果越接近，测量的精密度越高。

③ 准确度。是测量结果中所有系统误差与随机误差的综合，表示测量结果与真值的一致程度。

在某一具体测量中，可能会出现正确度与精密度一致或不一致的情况：正确度高而精密度低，正确度低而精密度高，正确度与精密度都低，正确度与精密度都高。前三种情况准确度都低而只有第四种情况的准确度高。

不同性质的测量，允许测量误差的大小是不同的，但随着科学技术的发展，对减少测量误差的要求越来越高，在某些情况下误差超过一定的限度不仅没有意义而且还会给工作造成影响甚至危害。

研究误差理论的目的，就是要分析误差的来源和大小，确定误差的性质，为科学处理测量结果，消除或减小误差提供依据，并建立切实可行的测试技术方案，正确评定测量结果。对于电路测试技术来说，必须通过误差理论的分析和应用，使我们合理选择测试技术方案，使测试电路参数设计得更合理，正确使用测量仪器，从而取得优良的测量结果。

四、系统误差的消除方法

在测量过程中，不可避免地存在系统误差，如何采取技术措施尽可能地减少系统误差？即使采取了一定措施，测试结果中的系统误差是否减小到可忽略不计？若不能忽略，如何估算误差？这些都是进行误差分析时必须考虑的问题。

根据系统误差具有明显规律性的特点和实践经验，可以通过实验技术措施减少或消除系统误差。常用的方法有以下几种：

1. 引入修正值

在测量之前，对测量中所要使用的仪器、仪表和度量器用更高准确度的仪器、仪表和度量器进行检定。即将所要使用的仪器、仪表和度量器在不同测量值时的系统误差（修正值）测出，画出它们的修正曲线或修正表格，在测量时，根据这些曲线、表格，对测得示值按式（1.3.4）进行修正，从而得出的结果，就相当于是用高准确度仪器仪表和度量器测得的。这样，就能减少由仪器所引起的系统误差。

2. 选择适当的测试方案

实验前，必须进行充分的分析，根据被测量的性质及对测量结果的要求，选择适当的测试方案，设计合理的测试线路。例如，用伏安法测量电阻 R_x，有两种测试线路，如图 1.3.2（a）（b）所示。

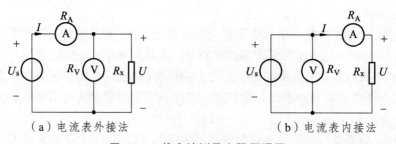

（a）电流表外接法　　　　　　　　（b）电流表内接法

图 1.3.2　伏安法测量电阻原理图

图中 R_V 和 R_A 分别为电压表和电流表的内阻，对图 1.3.2（a）测试电路，被测电阻 R_x 为

$$R_x = \frac{U}{I - \dfrac{U}{R_V}} = \frac{R_V U}{R_V I - U}$$

则系统误差为 $\dfrac{-R_x}{\left(1 + \dfrac{R_V}{R_A}\right)}$。

对图 1.3.2（b）所示的测试电路，被测电阻 R_x 为

$$R_x = \frac{U}{I} - R_A$$

则系统误差为 R_A。

当 $R_x \ll R_V$ 时，用图 1.3.2（a）电路测量；当 $R_x \gg R_A$ 时，用图 1.3.2（b）电路测量，这样，可以减少由仪表内阻产生的系统误差。

3. 采用一些特殊的测量方法

利用系统误差有规律的特点，针对某些特殊原因所引起的系统误差，采取相应的特殊测量方法。如零值法、较差法、正负误差补偿法、替代法等。

（1）零值法。

是将被测量与已知量进行比较时，使这两种量对仪器的作用相消为零。如用电桥测电阻。

（2）较差法。

是通过测量已知量与被测量的差值，从而求得被测量。如用电位差计测电压。

（3）正负误差补偿法。

当系统误差为恒值误差时，可以对被测量在不同的测试条件下进行两次测量，并使其中一次测量误差为正，另一次为负，取这两次测量数据的平均值作为测量结果，就可以消除恒值系统误差。

例如，用安培表测量电流时，考虑到恒定外磁场对仪表指针偏转的影响，可在一次测量读数之后，将仪表转过 180°再次测量读数，取这两次测量数据的平均值为测量结果。

（4）替代法。

是将被测量与已知量先后接入同一测量仪器，如不改变仪器的工作状态，则认为被测量等于已知量的一种方法。替代法不仅可以消除指示仪器引入的误差，而且比较仪器产生的误差也可以得到消除，即能消除由测量仪器引入的恒值系统误差。

4. 消除产生附加误差的根源

尽量使测试仪器在规定的正常条件下工作，这样可以消除各种外界环境因素所引起的附加误差。例如，正确放置和调整好仪器，仪器工作的环境温度，电源电压的波形、频率及幅值，外来电磁场等，都要符合规定要求。

以上仅是常用的几种方法，对于每个具体的测量问题，应仔细分析其具体条件后，才能采取相应的措施。另外，在测量之前，必须仔细检查全部测量仪表的调整和安放情况，以便尽可能地消除产生误差的根源。

五、系统误差的计算

测量中的误差不可能完全消除，为了估计测量结果的准确程度，往往要计算误差的大小。工程上的一般测量，由于仪器和度量器本身准确度较低，其误差主要是指系统误差。随机误差对整个测量过程的影响较小，一般可忽略不计。

系统误差包含仪器的基本误差、附加误差和方法误差。测量中的最大误差等于上述误差之和。下面分直接测量和间接测量两种情况讨论。

1. 直接测量

1）基本误差

用电测量指示仪表进行直接测量时，仪表本身的基本误差可根据仪表的准确度等级和选用的量程来估算。通常仪表的准确度等级标注在仪表的面板上。假设在测量中所使用的仪表准确度等级为 a 级，所用量程为 X_m，在规定的正常使用条件下进行测量，测量的示值为 x，则测量结果可能出现的最大相对误差为

$$\gamma_m = \pm \frac{a\% \cdot X_m}{x} \times 100\% \tag{1.3.12}$$

可能出现的最大绝对误差为

$$\Delta X_m = \pm a\% \cdot X_m \tag{1.3.13}$$

2）附加误差

若仪器在不符合所规定的正常工作条件下进行测量，则要考虑外界环境因素所引起的附加误差。这时测量结果的最大误差应是仪表的基本误差和附加误差之和。附加误差估算的办法是按照国家标准 GB776-76《电测指示仪器通用技术条件》对附加误差的规定进行估算。

例 1.1 用一块量程为 30 A，准确度为 1.5 级的电流表，在 30 ℃ 的环境温度下进行测量某一电流，示值为 10 A，估算测量误差。

解 用式（1.3.12）可估算仪表的基本误差

$$\gamma_m = \pm \frac{a\% \cdot X_m}{x} \times 100\% = \pm \frac{0.015 \times 30}{10} \times 100\% = \pm 4.5\%$$

由于仪表使用温度超出规定温度（20±2）℃ 的范围（超出 8 ℃），但小于 10 ℃，这时相对于温度变化而出现的附加误差不会超过仪表的准确度等级，即±1.5%。

测量结果的最大相对误差为

$$\gamma_{max} = \pm(4.5 + 1.5)\% = \pm 6\%$$

可能出现的最大绝对误差为

$$\Delta I = \pm 6\% \times 10 = \pm 0.6 \ (A)$$

因此测量结果应修正为 $I =$（10±0.6）A，即 $I =$（9.4±10.6）A。

3）方法误差的估算方法

方法误差是由于测量方法不完善或因计算公式近似而引起的误差。若需要考虑时，应根据具体情况进行分析计算。

2. 间接测量

需进行几次不同量或不同数值的测量，然后根据它们所共同遵循的公式计算出最后的结果。每次测量的误差，都将对最后结果有所影响。

设 y 为被测量，x_1，$x_2 \cdots x_n$ 为直接测量的量，则它们之间的函数关系为

$$y = f(x_1, x_2, \cdots, x_n) \tag{1.3.14}$$

令 Δx_1，$\Delta x_2 \cdots \Delta x_n$ 分别代表测量 x_1、$x_2 \cdots x_n$ 时的误差，Δy 代表由 Δx_1，$\Delta x_2 \cdots \Delta x_n$ 引起的被测量 y 中的误差，则

$$y + \Delta y = f(x_1 + \Delta x_1, x_2 + \Delta x_2, \cdots, x_n + \Delta x_n)$$

将上式右端按泰勒级数展开，并略去高阶导数项后，得

$$f(x_1 + \Delta x_1, x_2 + \Delta x_2, \cdots, x_n + \Delta x_n)$$
$$\approx f(x_1, x_2, \cdots, x_n) + \frac{\partial f}{\partial x_1}\Delta x_1 + \frac{\partial f}{\partial x_2}\Delta x_2 + \cdots + \frac{\partial f}{\partial x_n}\Delta x_n$$

则被测量的绝对误差近似为

$$\Delta y = \frac{\partial f}{\partial x_1}\Delta x_1 + \frac{\partial f}{\partial x_2}\Delta x_2 + \cdots + \frac{\partial f}{\partial x_n}\Delta x_n = \sum_{i=1}^{n}\frac{\partial f}{\partial x_i}\Delta x_i \tag{1.3.15}$$

式（1.3.15）中，Δx_i 的值可正可负，在最不利的条件下，结果中的各项误差同号，应取绝对值之和，因此可能出现的最大绝对误差为

$$\Delta y_{max} = \pm \sum_{i=1}^{n}\left|\frac{\partial f}{\partial x_i}\Delta x_i\right| \tag{1.3.16}$$

被测量的最大相对误差可由下式计算：

$$\gamma_{max} = \frac{\Delta y_{max}}{y} = \pm \sum_{i=1}^{n}\left|\frac{\partial f}{\partial x_i}\frac{\Delta x_i}{y}\right| = \pm \sum_{i=1}^{n}\left|\frac{\partial f}{\partial x_i}\frac{\Delta x_i}{f}\right| = \pm \sum_{i=1}^{n}\left|\frac{\partial \ln(f)}{\partial x_i}\Delta x_i\right| \tag{1.3.17}$$

例如若被测量 y 与直接测量各量 x_1、x_2、x_3 之间的函数关系为

$$y = x_{1+}x_2 + x_3$$

则　　　　　　　$\Delta y = \Delta x_1 + \Delta x_2 + \Delta x_3$

最大绝对误差　　$\Delta y_{max} = |\Delta x_1| + |\Delta x_2| + |\Delta x_3|$

最大相对误差　　$\gamma_{max} = \dfrac{|\Delta x_1| + |\Delta x_2| + |\Delta x_3|}{x_1 + x_2 + x_3}$

若被测量是两个量之差时，即 $y = x_1 - x_2$，则

$$\gamma_{\max} = \frac{|\Delta x_1| + |\Delta x_2|}{x_1 - x_2}$$

当 x_1 与 x_2 的值很接近时，将出现很大的间接误差，所以，在间接测量中应尽量避免求两个读数差的计算。

例 1.2 测量直流电路的电能时，计算公式为 $W = I^2 Rt$。测量时所选用的电流表为 0.5 级，量限为 100 A，电流示值是 60 A；所用的电阻是 0.1 级，阻值为 0.5 Ω；时间为 50 s，误差为 ±0.1%，估算电能和它的绝对误差及相对误差。

解 根据公式 $W = I^2 Rt$，用式（1.2.16）进行计算，有

$$\Delta w = \frac{\partial}{\partial I}(I^2 Rt)\Delta I + \frac{\partial}{\partial R}(I^2 Rt)\Delta R + \frac{\partial}{\partial t}(I^2 Rt)\Delta t = 2IRt\Delta I + I^2 \Delta t + I^2 R\Delta t$$

而

$$\Delta I = \pm(100 \times 0.5\%) = \pm 0.5 \ (\text{A})$$

$$\Delta R = \pm(0.5 \times 0.1\%) = \pm 5 \times 10^{-4} \ (\Omega)$$

$$\Delta t = \pm(50 \times 0.1\%) = \pm 5 \times 10^{-2} \ (\text{s})$$

则

$$\Delta W = \pm(2 \times 60 \times 0.5 \times 50 \times 0.5 + 60^2 \times 50 \times 5 \times 10^{-4} + 60^2 \times 0.5 \times 5 \times 10^{-2}) = \pm 1\,680 \ (\text{J})$$

可见，误差主要是由于电流的测量误差太大而引起的。电能为

$$W = I^2 Rt = 60^2 \times 0.5 \times 50 = 90 \times 10^4 \ (\text{J})$$

可能出现的最大相对误差为

$$\gamma_{\max} = \pm \frac{1.68 \times 10^3}{9 \times 10^4} \times 100\% = \pm 1.9\%$$

第四节　"电路实验"课程的基本要求

一、实验课程的目的

培养和提高实验技能是"电路实验"课程的基本目的。

1．实验仪器与仪表

正确使用电压表、电流表和万用表、功率表及其他常用的一些电工实验设备；熟悉电子仪器、仪表及电子设备的使用方法，如示波器（电子示波器、数字示波器）、直流稳压电源、晶体管毫伏表、信号发生器等。

2．测试方法

掌握电压、电流、功率的测量，信号波形的观察方法，电阻器、电容器、电感器等元件参数的测量和网络端口特性的测量。

3．实验操作

能正确布局和连接实验电路，认真观察实验现象和正确读取数据，并对观察到的实验现象有一定的分析判断能力；能初步分析和排除实验故障，要求具有实事求是的科学态度。

二、实验课的进行

实验课通常分为课前预习、进行实验和课后完成实验报告等三个阶段。

1．课前预习

实验效果的好坏与实验的预习密切相关，应事先认真阅读实验指导书，经过思考后，编写出预习报告(也是正式报告的一部分)，做到对每个实验心中有数，主动地去观察实验现象，发现并分析问题，取得最佳实验效果。

预习的重点是：

① 明确实验目的、任务与要求，估算实验结果。

② 复习有关理论，弄懂实验原理、方法，熟悉实验电路。

③ 了解所需的实验元件、仪器设备及其使用方法。

④ 完成预习报告。预习报告包括实验报告中的实验目的、实验任务、实验原理、实验线路、注意事项等内容。

预习报告是预习准备工作好坏的反映，实验前需将预习报告交指导教师检查。

2．熟悉设备和接线

在接线之前应了解第一次使用的仪器、设备的接线端、刻度、各旋钮的位置及作用、电源开关位置，确定所用仪表的量程及极性等。

应根据实验线路合理布置仪表及实验器材，以便接线、查对，便于操作及读数。一般来说，首先应按照电路图——对应进行布局与接线。较复杂的电路应先串联后并联，同时考虑元件、仪器仪表的同名端、极性和公共参考点等与电路设定的方位一致，最后连接电源端。

接线时，避免在同一端子上连接三根以上的连线（应分散接），减少因牵动（碰）一线而引起端子松动、接触不良或导线脱落。

3．通电操作及读数

线路接好后，经自查无误，并请指导教师复查后方可接通电源。通电操作时必须集中注意力观察电路的变化，一旦有异常，如出现声响、冒烟、发臭等现象，应立即断开电源，检查原因。

接通电源后应将设备大致操作一遍，观察一下实验现象，判断结果是否合理。若不合理，则线路有误，立即切断电源重新检查线路并修正；若结果合理，则可正式操作。读数时要姿势正确、思想集中，防止误读。数据要记录在事先准备好的表格中，凌乱和无序的记录常常是造成错误的原因。为了获得正确的数据，有时需要重复实验并重新读取数据。要养成科学的态度，尊重原始数据，在做实验报告时若发现原始数据不合理，不得任意涂改，应当分析问题所在。当需要把数据绘成曲线时，读数的多少和分布情况，应以足够描绘一条光滑而完整的曲线为原则。读数的分布可随曲线的曲率而异，曲率较大处可多读几点。

4. 实验结束

完成全部内容后，不要先急于拆除线路，应先检查实验数据有无遗漏或不合理的情况，经指导教师审阅原始数据、签字并同意后方可拆除线路，整理桌面，摆放好各种实验器材、用具，才能离开实验室。

三、安全操作问题

实验过程中应随时注意安全，包括人身与设备的安全。除了上面已提到过的一些注意事项外，还需特别注意以下几点：

① 当电源接通进行正常实验时，不可用手触及带电部分，改接或拆除电路时必须先切断电源。

② 使用仪器仪表设备时，必须了解其性能和使用方法。切勿违反操作规程乱拨乱调旋钮，尤其注意不得超过仪表的量程和设备的额定值。

③ 如果实验中用到调压器、电位器以及可变电阻器等设备时，在电源接通前，应将其调节位置放在使电路中的电流为最小的地方，然后接通电源，再逐步调节电压、电流，使其缓慢上升，一旦发现异常，应立即切断电源。

四、实验故障的分析和处理

1. 故障的类型与原因

实验课中出现各种故障是难免的，各种各样的电路故障时有发生。当电路发生故障时，电路性能变坏，其测试结果往往不正确，甚至造成无法测试、电路损坏。因此遇到电路发生故障，必须根据观察到的现象，分析产生故障的原因，查出故障点，并将故障排除，使电路正常工作。

通过对电路故障的分析、具体诊断和排除，逐步提高分析问题与解决问题的能力。在电路实验中，常见的故障多属开路、短路或介于两者之间三种类型。不论何类故障，如不及早发现并排除，都会影响实验进行或造成损失。

常见的电路故障有以下几种：

① 开路故障。当电路中没有电压、没有电流、测试仪表指针不偏转、示波器无波形显示等现象时，电路发生了开路故障。产生这类故障的原因可能是：焊点为虚焊，接线松动，接触不良，引线或导线接头折断，电源保险丝熔断或电路中元器件损坏等。

② 短路故障。电路发生短路故障时，电路中电流剧增，仪表指针急速偏转而打弯，保险丝熔断，并常伴有冒烟、烧焦气味、有响声、发热等现象。严重的会损坏电路元器件或仪器、设备，这类故障属于破坏性故障。产生原因可能有：线路裸露部分相碰、焊点相互靠得太近而造成短路、接线错误、或因产生过电压、过电流破坏了绝缘，等等。

开路故障和短路故障发生后，若不消除产生故障的原因，则故障永久存在，电路不能工作，所以它们是永久性故障。

③ 软故障与硬故障。是介于前二类故障之间的一类故障，由于电路元器件不稳定，如元器件质量差，或使用年长日久、工作环境恶劣造成元器件老化性能变坏，使电路逐渐偏离原有的性能指标，测试时，测试数据与理论值相差甚远，这类故障称为软故障。由于这类故障不至于一时使电路元器件、仪器与设备损坏，故把这类故障又称为非破坏性故障。但是，当渐变到一定程度，元器件参数突然发生很大变化，致使电路出现开路或短路故障时，电路就无法工作，相对软故障而言，将这类故障称为硬故障。可见，情况不严重的故障，若不及时处理，会转化为更严重的故障。

④ 间歇故障。由于元器件参数不稳定，电路存在接触不良或电源电压不稳定，使电路有时能正常工作，有时又不能正常工作，这类故障称间歇故障。

一般开路故障、短路故障这类永久性故障比间歇故障容易检测，硬故障比软故障容易检测。

另外，在调整、测试工作中，往往需要外接一些测试仪器、设备，如电工仪表、直流稳压电源、信号发生器、毫伏表、示波器等，经常会由于测试仪器或设备连接有误、测试条件不当、仪器使用不得法等原因而出现故障，特别是对于初学者，经常会发生由这些原因产生的故障。这类故障不是电路本身的故障，而是由于外接测试线路中的故障使电路无法正常工作，甚至损坏测试仪器、设备。反过来，电路本身的故障造成测试仪器、设备损坏的现象也可能发生。

2. 电路故障的检测

当电路发生故障时，既不要惊慌失措、手忙脚乱，也不要置之不理、勉强继续进行实验。要冷静地去检查电路，从故障现象分析产生故障的原因，确定故障的部位，找出故障点，进而排除故障，使电路恢复正常工作。要迅速地检测出电路故障并排除，既需要有一定的理论知识，又需要有丰富的实践经验。对初学者，应注意边实践，边总结，不断积累经验。

故障检测的方法很多，一般有以下几种：

1）断电检测法

对于破坏性故障或电路工作电压较高，不宜在排除故障之前再通电，检测故障只能在断电的情况下进行。检测的方法是：首先要检查电路连接有无错误，若无错误，再用万用表欧姆挡逐个测试各元器件是否损坏，插件或接头是否接触不良，是否有断线或相碰而短路等情况。例如，在电路中某两点导通处，用万用表欧姆挡测得该两点间的电阻应很小；在某两点开路处，测得的电阻应很大，否则，此处就有故障。这就是断电测电阻的方法检测故障。

另一种是断电观察法，当电路发生故障时，先观察有无电路元器件损坏，如电阻或变压器烧坏、电容器炸裂、电表卡针、电路断线等。通过断电观察往往能很快发现问题，及时排除故障。但是，当发生破坏性故障时，不能单纯更换已损坏的元器件就算排除故障了，还要用万用表欧姆挡对电路其他部位进行检测，将由于某部位的故障而引发的其他部位的故障彻底排除，才能再次通电。

2）电压、电流检查法

电路有故障往往会引起电源电压、电流、各节点电压、各支路电流或元器件工作电压、电流偏离正常值，根据数值偏离的程度可以检测出故障点。通常要计算或估算出某节点、某支路的电压与电流的正常值，以便与检测结果进行比较。例如，通过测量电压来检测故障，一般的做法是：当电路接入电源后，用万用表电压挡（直流或交流）测量电源是否有电压，若电源电压有显著下降，则说明电路中存在着短路故障。若电源电压正常，则沿电路顺序向后检测各节点、各支路，或各元器件是否有正常电压，这样可以逐步缩小故障出现的范围，最后确定故障点。

对于一些有源器件（如运算放大器等），当检测它的电源端电压属于正常时，还要进一步检测其电流，以确定是否有断路。

3）信号寻迹法

这也是一种通电检查的方法。用适当的频率与振幅的信号源作为输入信号，加到被检测电路的输入端，然后用一台示波器或毫伏表，从信号输入端开始，逐一观测各元器件、各支路是否有正常的波形与振幅，根据观测到的信号波形的情况，判断故障部位。显然，这种方法需要有信号发生器、示波器或毫伏表。

在实际检测故障时，应针对故障类型和电路结构的情况及可能的条件，选择适当的检测方法。通常还往往要几种检测方法结合运用。

检测故障时，一般可从观察到的故障部位直接检测，而在故障原因与部位不易确定时，可按以下原则与步骤进行：

① 首先应检查电路连接是否有错误，属于能通电检测的，可通电检测。通电后，应仔细观察电路与仪器、设备的工作状态是否正常。应注意电路与仪器设备有无异常现象，如烧焦气味、冒烟、响声、发热等。

② 若发现破坏性故障，应迅速观察故障现象，并立即切断电源。对故障现象的观察要迅速、仔细，抓住故障现象的主要特征，以便给分析故障时提供准确信息。为了避免某些故障进一步恶化而造成更大损失，应立即切断电源。

③ 若发现的是非破坏性故障，根据故障现象，应用理论知识和实际经验来分析产生故障的可能原因，并通过检测来验证分析是否正确。检测步骤如下：将电路接通电源，顺序检测电路各部位（从电源进线、熔断器、闸刀开关至电路输入端，先主电路，后副电路，依次检测各部位）有无电压、电压值是否正常。同时检查主、副电路中元器件、仪器仪表、开关连接导线是否完好、接触是否良好、检测仪器的供电系统、输入、输出调节显示及探头、接地点等是否正常。这样有序地检测，有利于迅速发现故障点。

也可以在断电情况下，用测量电阻的办法、依次检查电路各部位导通、短路及断路情况。

3．电路故障的排除

找到故障的真正原因及故障点后，及时排除故障，如更换元器件，或消除接触不良、断线、接错、碰线等隐患。故障排除后，电路要工作一段时间，并对电路进行测试，检测故障是否真正已排除，电路各项指标是否达到正常。每排除一次故障，都应记录总结，以便积累经验，从实践中培养检测故障和排除故障的能力，也是培养实际工作的能力。

第五节　测量数据的处理与实验报告的编写

一、测量数据的处理

测量结果一般有数据、波形曲线、现象等。测量结果的处理一般是指对数据进行处理或绘制曲线波形或分析现象，找出其中典型的、能说明问题的特征，并找出电路参数与结果之间的关系，从而明确电路的特性。这里介绍测量数据处理和曲线绘制的有关问题。

1. 测量数据的处理

由于测量过程中总存在测量误差，而仪器的分辨力又有限，所以测量数据总是被测量真值的近似值。究竟近似到何种程度合适？这必然要考虑读取几位数字的问题。读取几位数字应根据所用仪器的准确度等级和理论计算的需要来确定。有效数字的概念应运而生。

所谓有效数字是指，规定截取得到的近似数的绝对误差不得超过其末位单位数字的一半，并称此近似数从它左边第一个不是零的数字起到右边最末一位数字止的所有数字为有效数字。有效数字通常由可靠数字和欠准数字两部分组成。例如，用准确度为 0.5 级的电压表测量电压时，电压表的指针停留在 7.8 ~ 7.9 之间，这时电压表的读数就需要用估计法来读取最后一位数字，若估计为 7.86，这是个近似值，7.8 是可靠数字，而末位数 6 为欠准数字（超过一位欠准数字的估计是没有意义的），即 7.86 为三位有效数字。

在记录有效数字时，应注意以下几点：

① 记录测量数据时，只保留一位欠准数字，即在仪表标度尺的最小分度下，凭目视力大致估计的一位数字。

② "0" 在数字之间或数字之末，算作有效数字，在数字之前不算有效数字。例如：3.02、4.20 都是三位有效数字，而 0.002 4 则是二位有效数字。注意 4.20 和 4.2 的意义不同，前者是三位有效数字，"2" 是准确数字，"0" 是欠准数字；而后者是二位有效数字，"2" 是欠准数字，故 4.20 中的 "0" 字不可省略，它对应着测量的准确程度。

③ 遇到大数值或小数值时，需要采用有效数字乘上 10 的乘幂的形式表示，即 $k \times 10^n$。其中 k 为从 1 起至小于 10 的任意数字，k 的位数即为有效位数；n 为具有任意符号的任意整数。例如 4.23×10^4 表示有效数字为三位，4.230×10^4 表示有效数字为四位。有效位数的多少取决于测量仪器的准确度。

④ 如已知误差，则有效数字的位数应与误差相一致。例如，设仪表误差为 ± 0.01 V，测得电压为 18.673 8 V，其结果应写作 18.67 V。

⑤ 表示误差时，一般只取一位有效数字，最多二位有效数字，如 ± 1%、± 1.5%。

2. 数字的舍入规则

当由于计算或其他原因需要减少数据的数字位时，应按数字舍入规则进行处理。因此，当需要 n 位有效数字时，对超过 n 位的数字应按下面的舍入规则进行处理：

① 拟舍去数字的数值大于 0.5 单位者，所要保留数字的末位加 1；

② 拟舍去数字的数值小于 0.5 单位者，所要保留数字的末位不变；

③ 拟舍去数字的数值恰好等于 0.5 单位者，则使所要保留数字的末位凑成偶数（即当所要保留数字末位为偶数时末位不变，若为奇数时则加 1）。

例如，在要求保留 3 位有效数字条件下，将一列数据进行舍入处理后的结果列于表 1.5.1 中。

表 1.5.1　几个测量数据的舍入情况

原始数据	54.79	37.549	400.51	6.3850	7.915
处理后数据	54.8	37.5	401	6.38	7.92

3. 有效数字的运算规则

① 作加减运算时，在各数中（采用同一计量单位），以小数点后位数最少的那个数（如无小数点，则为有效位数最少者）为基准数，其余各数可比基准数多一位小数，而计算结果所保留的小数点后位数与基准数相同。例如 13.65、0.008 23 与 1.633 三个数值相加时，因 13.65 小数点后位数最少（二位），因此其余二数取至小数点后三位，然后相加，即 13.65 + 0.008 + 1.633=15.291，计算结果小数点后应保留两位，故计算结果为 15.29。

② 作乘除运算时，在各数中，以有效数字位数最少的数为基准数，其余各数比基准数多一位有效数字（与小数点位置无关），所得的积或商的有效位数与基准数相同。例如，12.450、13.1、1.567 8 三数相乘，有效数字位数最少的数为 13.1，计算结果为 12.4×13.1×1.57 = 255。

③ 将数进行平方与开方所得结果的有效数字位数与原来有效位数相同或多保留一位有效数。

④ 用对数进行运算时，所取对数应与真数有效数字位数相同。例如取 lg32.8=1.52。

⑤ 若计算中出现如 e、π、$\sqrt{2}$、$\frac{1}{3}$ 等常数时，视具体情况而定，需要几位就取几位。

二、测量数据的图解处理（实验曲线的绘制）

在分析两个（或多个）物理量之间的关系时，用曲线比用数字、公式表示更为形象和直观。因此，测量结果常用曲线来表示。绘制曲线的基本要点如下：

① 选取适当的坐标系。最常用的为线性直角坐标，有时也用对数坐标和极坐标。当自变量取值范围很宽时，可用对数坐标。例如，绘制频率特性曲线时，代表频率变化的横坐标就宜采用对数坐标。

② 坐标的分度要合理，并与测量误差相吻合。坐标的分度是指坐标轴上每一格所代表值的大小。纵、横坐标的比例可以选择不同，但必须将各坐标轴的分度值标记出来，同时要与测量误差相吻合。例如误差为 ± 0.1 V，坐标的最小分度值应取 0.1 V 或 0.2 V，在坐标纸上就能读到 0.1 V 左右。若选用的比例尺过大，则会夸大原有的测量准确度；反之则会牺牲原有的准确度，且绘图困难。

③ 在坐标纸上只描绘一组数据所成的曲线时，其测试点可用"•"或"。"表示；若在同一坐标平面上描绘几组曲线以便进行分析比较时，则应用不同的标记来表示，例如，可用"*" "+"等。

④ 在实际测量中，由于各种误差的影响使测量数据出现离散现象，因此不能把各测量点直接连接起来成一条折线如图 1.5.1 中虚线所示，而应作出一条尽可能靠近各数据点且又相当平滑的曲线，这个过程称为曲线的修匀，如图 1.5.1 中实线所示。

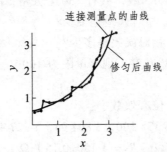

图 1.5.1　直接连接测量点时曲线的波动情况

曲线的修匀是近似的。为了减少随机误差的影响，提高图的精密度，往往采用分组平均法来修匀曲线。这种方法是将数据点分成若干组，每组包含 2~4 个数据点，然后分别求出各组数据点的算术平均值，再将这些算术平均值连接成光滑的曲线。

三、实验报告的编写

实验报告是实验工作的全面总结，简明地将实验结果完整和真实地表达出来。编写实验报告要有实事求是的科学态度，一丝不苟的作风和勤于思考的精神。每次实验做完后，应根据实验结果独立编写实验报告。

实验报告开头应写出实验名称、实验日期、专业、班级、实验者姓名及指导教师姓名。实验报告的内容应包括下面几个部分：

① 实验目的。

② 实验原理及电路图。

③ 仪器设备名称、元器件规格。

④ 实验数据、计算公式、计算结果及实验曲线。这是实验报告的主要内容。在实验报告中常用的数据处理方法是列表计算和曲线处理。实验中所测得的数据要分门别类地记录在表格中，以便于对数据进行运算和表明所得结果。实验结果还常用作图的方法直观地表示出来。

⑤ 实验结论。

⑥ 误差的分析及实验现象的解释。

⑦ 心得体会，改进意见及遗留问题。

⑧ 回答问题。

实验报告中的①~④，应在预习时完成，实验中补充完善；⑤~⑧应在实验中基本形成，在实验结束后整理完善。

思考题与习题

1.1 使用某电流表测电流时，得示值为 9.50 A，查该仪表的检定记录标明该点的修正值为 0.04 A，问所测电流实际值是多少？

1.2 有一块 0.1 级的电流表，量程为 1 A，经检定最大绝对误差为 0.8 mA，问该表准确度是否合格？

1.3 某块功率表的准确度为 0.5 级，共有 150 个分格，问
　　① 读数为 140 分格时，相对误差是多少？
　　② 读数为 40 分格时，相对误差是多少？

1.4 被测电压实际值为 10 V 左右，现有量限为 100 V、0.5 级和 15 V、2.5 级的电压表各一只，问选用哪一只为好？

1.5 将下列数字舍入到为 4 位有效数字：
6.378 508，6.378 50，6.375 500，3.804 93，1.327 4。

1.6 电阻 R_1 =（10.0±0.1）Ω，R_2 =（150±0.15）Ω，试计算由 R_1 和 R_2 串联及并联后总电阻的误差。

1.7 用 1.0 级、3 V 量限的直流电压表测得如题图 1.7 所示 a 点及 b 点对地电压分别为 U_a = 2.54 V，U_b = 2.38 V，如何根据 U_a 和 U_b 的测量结果来求 R_2 上的电压？其误差多大？由此得出什么结论？

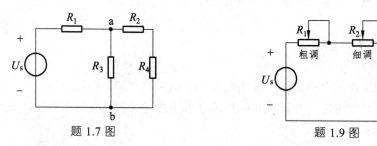

题 1.7 图　　　　　　　　　　　　　　题 1.9 图

1.8 用 1.0 级、10 A 电流表和 1.0 级、300 V 电压表测量电阻上的功率，若电流表测出流过电阻的电流示值为 5 A，电压表测出电阻两端电压示值为 150 V，问此时电阻上消耗功率的最大绝对误差和最大相对误差各为多少？

1.9 校准 0～10 A 电流表电路如题 1.9 图所示，测量数据记录如下：

I_x	1.00	2.00	3.00	4.00	5.00	6.00	7.00	8.00	9.00	10.00
I_0	1.07	2.05	2.95	4.05	5.10	6.05	6.95	7.95	8.90	10.10
ΔI										
C										

试问
① 各点的绝对误差 ΔI 和修正值，并画出修正曲线。
② 6 A 时的相对误差。
③ 决定此电流表的准确度等级。
④ 7 A 时的最大相对误差。

第二章 电路测试基础

在电路测试技术中，通常将被测量分为电（参）量和非电（参）量两大类。电量包括电压、电流、功率、电能、电荷、相位、频率等；非电量包括温度、压力、速度等。电量又可以分为直流量和交流量。由于交流测量的准确度不如直流测量，通常将交流量转换为直流量进行测量。电路元件的参数如电阻、电感、电容、时间常数、介质损耗等无源的量称为电路参量，测量时必须外加试验电源。本章主要介绍有关电量的测试技术。

电压、电流、功率是表征电信号能量的三个基本参量。从测量角度来看，测量的主要参量是电压，如测得标准电阻上的电压值，就可求得电流和功率；测出通用标准电流的电阻上的电压降，便能求得未知电阻值等。总之，电压测量是其他许多电参量测量的基础。

第一节 电压和电流的测量

电压、电流的测量是电测量中的一种最基本的测量，应用非常普遍。

由于电磁和电子测量中所遇到的被测电压多种多样、千变万化，所以对电压测量需提出了一定的要求，主要有如下几方面：

① 应有很宽的电压测量范围。直流电压范围可以从几纳伏（nV）至数百千伏（kV），交流电压从数百纳伏至数百千伏。

② 电压测量的频率范围广。可以测直流、超低频、低频、高频直至超高频（GHz）。

③ 要求足够高的测量精度。由于电压值的基准是直流标准电压，在直流测量中，各种分布参数的影响又极小，因此直流电压测量的精度最高。交流电压的测量误差随着不同频率、不同波形、不同电压数值而有较大差异。

④ 要求有很高的输入阻抗。为了在测量电压时不使被测电路的工作状态受到影响，要求电压表具有高的输入阻抗。数字式直流电压表和数字式交流电压表的输入阻抗一般可达到兆欧级，电磁机械式电压表的内阻较低，通常只适用于大功率的电气设备和电力系统中。

⑤ 要求有较高的抗干扰能力。工程实际中，测量的量值范围很广，从大电流、高电压的测量，到微小电量的测量，测量工作通常都是在存在各种干扰的环境下进行的。小量值的测量很容易受到各种干扰，从而影响和限制了测量仪表的灵敏度和准确度。

⑥ 对测量速度和自动化程度要求越来越高。由于电压测量的广泛性及重要性，在要求提高测量精度的同时还要提高测量速度，并且要实现测量仪器的多功能化、数字化、自动化和智能化。

在电磁测量中常用的电压测量有磁电系、电磁系、电动系等多种仪表，磁电系仪表只适用于测量直流，电磁系、电动系仪表可交直流两用。

在电子测量中常将电压测量仪表分为两大类：模拟式和数字式。

电压表中，最常见的是用磁电系电流表作为指示器。它具有灵敏度高、准确度高、刻度线性、受外磁场及温度影响小等优点。数字式电压表根据模/数（A/D）转换的方法不同可分为逐次逼近比较式、斜波电压式、双斜积分式等多种。

一、直流电压的测量

1. 直接测量电压

直流电压、直流电流的测量通常采用直接测量方式进行测量。且采用直读式电测量指示仪表进行直读测量，如磁电系仪表。

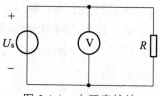

图 2.1.1　电压表接法

在测量电压时应将电压表与被测电压的两端相并联，如图 2.1.1 所示。为了使电压表接入电路后不影响原电路的工作状态，要求电压表的内阻 R_V 应比负载电阻 R 大得多，通常应使

$$\frac{R}{R_V} \leqslant \frac{1}{5}\gamma\% \qquad\qquad (2.1.1)$$

式中的 $\gamma\%$ 为测量允许的相对误差。

2. 间接测量电压

在测量高内阻电源的空载电压时，常采用间接测量方法。图 2.1.2 为间接法测电源电压，图中 R_0 为被测电源电压内阻，R_V 为电压表内阻。先测出图（a）中的 U'，然后调节图（b）中电阻 R，使电压表读数 $U'' = \frac{1}{2}U'$，则由

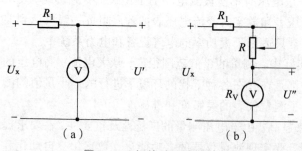

图 2.1.2　间接法测电源电压

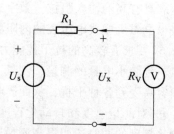

图 2.1.3　电压表内阻对被测电路的影响

$$U' = U_x \frac{R_v}{R_v + R_0} \quad \text{和} \quad U'' = U_x \frac{R_v}{R_v + R_0 + R}$$

可得

$$U_x = U' \frac{R}{R_v} \tag{2.1.2}$$

如果用直接测量法测量高内阻回路的直流电压则会造成较大的误差。例如，某被测电路的电源电压为 $U_s = 5$ V，等效内阻 $R_0 = 200$ kΩ，若用普通万用表（电压灵敏度 20 kΩ/V）10 V 档去测量开路电压，如图 2.1.3 所示，这时电压表的指示值 U_x 为

$$U_x = U_s \frac{R_v}{R_v + R_0} \tag{2.1.3}$$

绝对误差

$$\Delta U = U_x - U_s$$

相对误差

$$\gamma = \frac{\Delta U}{U_s} = \frac{R_v}{R_v + R_0} - 1 = -\frac{R_0}{R_v + R_0} \tag{2.1.4}$$

将前面已知值代入式（2.1.4），可求得相对误差

$$\gamma = -\frac{200}{200 + 200} = -50\%$$

若选择电压表的内阻 R_v 为被测电路输入电阻 R_0 的 100 倍，则

$$\gamma = -\frac{R_0}{R_0 + R_v} = -\frac{R_0}{R_0 + 100R_0} \approx -1\%$$

由此可见，若想得到相对误差为 1%左右的测量准确度，应选用电压表的内阻是被测电路等效输入电阻的 100 倍左右。在上例中应选 $R_v = 100 \times 200$ kΩ = 20 MΩ以上的电压表，实际上，具有这样高的输入电阻的常用电工仪表是不可能的。这时应选用高输入电阻的数字式电压表。

3. 差值法测量电压

在电路的测量中，经常需要测量直流电压的微小变化量。例如，直流稳压电源的电压调整率 ΔU 和内阻 R_0，就是通过测量输出直流电压的微小变化量来求得的。在一般情况下，直流电压微小变化量是采用高精度的数字式直流电压表来进行测量。在不具备数字式直流电压表的情况下，如果用指针式仪表（如万用表、直流电压表等）来直接测量直流电压的微小变化量难以实现。因为被测直流电压值本身比较大，而变化量又相对比较小，所以若直接用指针式仪表的高量程档进行测量，由于高量程档的读数分辨率低，因此，很难读出这个微小变化量；若直接用指针式仪表的低量程档进行测量，由于被测值远远超过低量程档的上限，因而会造成仪表严重过载以致损坏。

通常采用差值法测量直流电压微小变化量 ΔU 。差值法的测试电路如图 2.1.4 所示。图中采用一个已知直流电源 U_0 与直流电压表串联后，一起并联到被测直流电源的输出端负载电阻 R 上。即用已知电压 U_0 与直流稳压电源输出电压 U_x 进行比较。选择直流电压表的内阻远大于负载电阻 R，则测量电路的分流作用可忽略不计。将已知电源电压 U_0 调节到等于（或接近）被测电压 U_x 的规定值。根据串联电压表的示值，可测出被测电压的微小变化量 ΔU_0，则 $U_x = U_0 + \Delta U_0$ 。

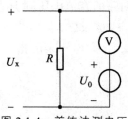

图 2.1.4　差值法测电压

一般情况下，由于差值远小于电压基本值，差值的测量误差对电压基本值的影响较小，因此，差值法中采用的指针式仪表的准确度等级虽然不高（通常在 2.5 级左右），但对电压基本值的测量结果的准确度影响较小。而用来做比较的已知电源电压对电压基本值测量结果的影响起决定作用。所以，为了提高测量结果的准确度，应选用高稳定电源或标准电压作为已知电源电压 U_0。

二、直流电流的测量

在电路测试中，直流电流的测量方法同直流电压的测量方法相似，可采用直接测量方法（电流表串入电路中）或间接测量方法（要求在不断开电路的条件下）。

1. 直接测量方法

通常把直流电流值 $10^{-17} \sim 10^{-5}$ A 称为小量值电流，$10^{-5} \sim 10^2$ A 称为中等量值电流，$10^2 \sim 10^5$ A 称为大量值电流。中等量值电流常采用指示仪表（磁电系测量机构）直接测量。

测量电流时电流表应与负载相串联，仪表内阻 R_A 应远小于负载电阻。在最不利的情况下也必须满足 $R_A/R \leqslant \gamma\%$（相对误差）。由于测量误差受多种因素的影响，所以选用的测量仪表的误差应小于测量允许误差的 $1/3 \sim 1/5$。

2. 间接测量方法

1）测压降法

即测量被测电流在已知电阻上的压降。通常测量电流不必采用间接测量方法，但是有时为了操作方便或其他原因也采用间接测量方法。例如，在电子电路中，为了测量晶体三极管的集电极电流，常常不去断开电路，而是通过测量集电极电阻 R_c 上的压降，然后算出其电流，即

$$I_c = \frac{U_c}{R_c} \tag{2.1.5}$$

式中，U_c 为电压表测量的集电极电阻 R_c 上的电压，I_c 为集电极电流。

这种方法测量电流虽然测量误差较大，但它可在不断开电路的情况下进行测量，在电子线路的测试中应用较广。为了减少测量误差，提高准确度，应选用高内阻的电压表（如数字电压表）进行测量电压；R_c 连接电路之前经测量选定好。

2）直流互感器法

直流大电流的测量常采用直流电流互感器法。用直流电流互感器测量时可实现与二次电路隔离，并且安装方便。

直流互感器的工作原理是以交流磁势平衡直流磁势为基础，从而测出被测直流的磁势。其测量精度受铁芯磁化曲线非理想及其他因素影响，一般为 0.5% ~ 1%。

另外，在直流电流和电压的测量过程中，如果需要精确测量，常采用比较法。例如直流电位差计测量电流，其误差为 0.1% ~ 0.001%。

三、交流电压和交流电流的测量

在电路测试技术中交流电压、交流电流的测量都是最常见的。交流电压的数值和频率变化范围广，电压的波形除常见的正弦波外，还有各种非正弦波，如三角波、锯齿波、方波等。一般用电磁系或电动系仪表来测量正弦交流电的有效值。电磁系电压表的准确度可达 0.1 ~ 0.5 级，测量范围通常为 1 ~ 1 000 V，使用频率约 1 000 Hz 左右，内阻约每伏几十欧。电磁系仪表也能测量非正弦交流电压的有效值，但是当非正弦电压的谐波频率太高时，由于其感抗随着频率有较大的变化，将带来较大的误差。

交流电压、交流电流的测量方法与直流电压、直流电流的测量方法相似，直读测量是测量交流电压、交流电流的最基本方法。

交流电流的测量如图 2.1.5 所示。

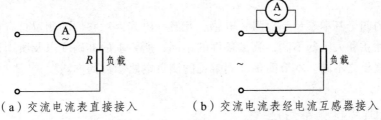

（a）交流电流表直接接入　　　　　（b）交流电流表经电流互感器接入

图 2.1.5　单相交流测量的基本电路

在上述测量电流的电路中，电流表串接在电路中，因此需将电路断开。使用钳型电流表则可解决这一问题。只是因为钳型电流表测量时准确度较低，所以适用测量精度要求不高的场合。

交流电压、电流可用多种方式来表示，如有效值、平均值、峰值等。表示方法不同，其值也不相同。

1. 有效值的测量

可对有效值进行测量的模拟式有效值仪表种类较多。但是通常采用磁电系微安表作为测量仪器，因为磁电系仪表具有灵敏度和准确度高、刻度线性、受外磁场及温度的影响小等优点。

交流电压、电流的有效值定义为（以电流为例）：

$$I = \sqrt{\frac{1}{T} \int_0^T i^2 dt} \qquad\qquad (2.1.6)$$

有效值是应用最广泛的参数之一。它能直接反映一个交流信号能量的大小，而且具有十分简单的性质，计算非常方便。

2. 峰值的测量

峰值是指交流电压、交流电流在一个周期内的最大值。通常采用示波器进行测量。

3. 平均值的测量

在交流测量中，平均值是指经检波后的平均值，模拟式平均值仪表常采用磁电系仪表。根据平均值的定义（以电流为例，$I = \frac{1}{T} \int_0^T |i| dt$）测量平均值时，若采用整流磁电系仪表，则仪表的偏转角正比于电流的平均值。

若被测电流是正弦波，则由正弦稳态电路理论可知，表示正弦量大小的有效值、平均值、峰值之间彼此有一定关系，所以当测量出这三个量中的某一个后，由它们之间关系可计算出另两个值。

交流电压、电流的测量除了采用仪表测量外，还可以采用示波器来进行测量。

第二节　电路参数的测量

电路中的四个基本参量是电阻、电感、互感、电容，对它们的测量具有重要意义。根据被测对象的性质和大小的不同，测量条件的不同，所要求的准确度以及所用设备的不同，测量的方法也就随之不同。本节简单介绍常见的测量电路参数的方法。

一、电阻及其测量方法

电阻是电路中基本物理量之一。电阻器是利用金属或非金属材料制成的具有电阻特性的元件，常用的电阻器有碳膜电阻、金属膜电阻、绕线电阻、标准电阻等。除特制的外，一般电阻都可以从手册上查出其主要特性及技术指标。通常电阻按其阻值范围划分为：$10^{-6} \sim 10\ \Omega$ 为低值电阻，$10 \sim 10^6\ \Omega$ 为中值电阻，$10^7 \sim 10^{12}\ \Omega$ 为高值电阻。

电阻的基本测量方法有：直流指示法、直流电桥法、变换法。

1. 直流指示法（包括欧姆表法和伏安法）

在要求不太高的场合，可使用欧姆表法或者用万用表的欧姆挡对电阻进行测量，根据指针的偏转直接读出数据，这是最方便的方法，其测量结果受仪表精度的影响。

使用欧姆表应选择合适的量程，以使指针偏转在中间位置较好。测量前必须注意调零。如果是数字式万用表，则直接读出被测电阻的阻值。

伏安法是采用仪表测量出被测电阻的电压和电流，然后通过欧姆定律计算得到电阻值。

$$R_x = \frac{U}{I} \tag{2.2.1}$$

式中 U、I 分别为伏特表、安培表的示值。

伏安法测量电阻的电路有两种，如图 2.2.1（a）、（b）所示。

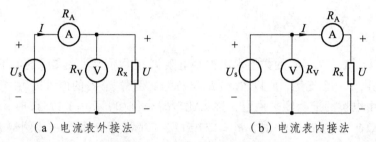

（a）电流表外接法　　　　　（b）电流表内接法

图 2.2.1　伏安法测量电阻

不管采用哪种线路，由于仪表本身有一定的电阻，根据欧姆定律计算还会有方法误差，因此伏安法受电压、电流测量仪表精度的影响，电阻测量的精度较低。

直流指示法适用于中值电阻的测量。

2. 直流电桥法

直流电桥法是利用电桥，将被测电阻与已知标准电阻进行比较，从而确定被测电阻的大小。它具有灵敏度高、准确度高等特点，广泛用于电阻的精密测量中。

根据直流电桥的结构分为单电桥和双电桥两种测量方式，前者用于测量中值电阻，后者用于测量低值电阻。

1）直流单电桥

直流单电桥如图 2.2.2 所示。其中 R_1、R_2、R_3、R_4 构成四个桥臂，a、b、c、d 是四个顶点，G 是检流计（在电路中当作指零仪器，以检测电路中是否存在电流），E 是电源。

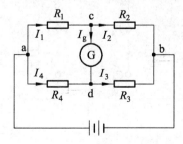

图 2.2.2　直流单电桥电路

当调节某个桥臂的电阻值（例如 R_4）使检流计支路的电流 $I_g = 0$，即 $U_{cd} = 0$ 时，称电桥

"平衡"，且 $I_1 = I_2$、$I_3 = I_4$，由

$$\left.\begin{array}{l} I_1 R_1 = I_4 R_4 \\ I_2 R_2 = I_3 R_3 \end{array}\right\} \tag{2.2.1}$$

得

$$\frac{R_1}{R_2} = \frac{R_4}{R_3} \tag{2.2.3}$$

或

$$R_1 R_3 = R_2 R_4 \tag{2.2.4}$$

上式说明当电桥平衡时，电桥对臂电阻之积相等，若 $R_1 = R_x$，被测电阻 R_x 为

$$R_1 = R_x = \frac{R_2}{R_3} R_4 \tag{2.2.5}$$

显然，可以从 R_2、R_3、R_4 的数值求出被测电阻 R_x 的数值来。在实际的电桥线路中，R_2/R_3 的值是 10^n，提供了一个比例，所以 R_2 和 R_3 又称"比例臂"。R_4 的值可以由零开始连续调节，它的数值位数由电桥的准确度来决定，称为比较臂。例如，$R_4 = 1\,275\,\Omega$ 时，$R_2/R_3 = 10$，则 $R_x = 1.275 \times 10^4\,\Omega$；当 $R_2/R_3 = 0.1$ 时，$R_x = 127.5\,\Omega$。实际上，R_x 是通过比例臂 R_2/R_3 与电阻 R_4 进行比较，所以电桥也是比较式仪器。

当电桥平衡时，被测电阻与电桥的电源 E 无关。因此，平衡电桥对电源的稳定性要求不高，在灵敏度足够的条件下，电源电压波动对测量结果没有影响。电桥的准确度主要由电阻 R_2、R_3、R_4 的准确度决定。

2）直流双电桥

直流双电桥是一种用于精密测量低值电阻的仪器。

当我们把被测电阻接入仪器仪表测量时，结果中包含有引线电阻和接触电阻，它们的数量级一般在 $10^{-3} \sim 10^{-4}\,\Omega$，且其值不稳定。被测电阻越小，由引线电阻和接触电阻产生的误差越大。双电桥正是在单电桥的基础上，采取措施消除引线电阻和接触电阻的影响，提高了小电阻的测量精度。

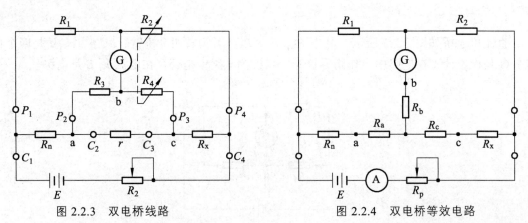

图 2.2.3　双电桥线路　　　　　图 2.2.4　双电桥等效电路

图 2.2.3 为双电桥的电路原理图，与单电桥比较，增加了二个辅助桥臂 R_3、R_4，因此，R_1、R_3、R_2 和 R_4 是桥臂电阻，r 是跨线电阻，它的数值很小，可以通过大电流。标准电阻 R_n

和被测电阻 R_x 均采用四端钮结构电阻。P_1、P_2、P_3 和 P_4 是电位端；C_1、C_2、C_3 和 C_4 是电流端。采用这种接法，电位端接线电阻和引线电阻被接到电阻值较高的 R_1、R_2 和 R_3、R_4 支路中去。电流端的接线电阻和引线电阻被接到电源支路及跨线电阻 r 支路中去，从而消除了它们的影响。

将由 R_3、R_4 和 r 组成的△形电阻联接转换成 Y 形联接，如图 2.2.4 所示，这时电桥线路变成为单电桥，其中

$$\left.\begin{array}{l} R_a = \dfrac{R_3 \times r}{R_3 + R_4 + r} \\[3mm] R_b = \dfrac{R_3 \times R_4}{R_3 + R_4 + r} \\[3mm] R_c = \dfrac{R_4 \times r}{R_3 + R_4 + r} \end{array}\right\} \tag{2.2.6}$$

电桥平衡时有

$$R_1(R_x + R_c) = R_2(R_n + R_a)$$

将式（2.2.6）带入上式，整理后得双电桥平衡条件

$$R_x = \frac{R_2}{R_1} R_n + \frac{rR_2}{R_3 + R_4 + r}\left(\frac{R_3}{R_1} - \frac{R_4}{R_2}\right) \tag{2.2.7}$$

若能保证　　　$R_1 = R_3$　　　$R_2 = R_4$

则：　　　　　$\dfrac{R_3}{R_1} - \dfrac{R_4}{R_2} = 0$ $\tag{2.2.8}$

式（2.2.8）称为双电桥的辅助平衡条件，故有

$$R_x = \frac{R_2}{R_1} R_n \tag{2.2.9}$$

式中，R_n 为标准电阻，通常取 R_2 作为调节臂。

3）使用和维护

直流电桥是一种精密测量仪器，合理使用和正常维护是保证测量效果、测量准确度和仪器设备安全的重要条件。

第一是合理选用电桥：单电桥适用于测量中值电阻，其阻值在 $1 \sim 10^6 \Omega$ 范围内；双电桥适用于测量低值电阻，其阻值在 $10^{-5} \sim 1\Omega$ 范围内。电桥的准确度应与被测电阻所要求的准确度相适应，应使电桥的误差略小于被测电阻所允许的误差。

第二是正确选用电源。当需要外接电源时，应选用稳定度较高的直流电源。不能使用一般的整流电源，必须选用化学电池或直流稳压电源。电压的数值应严格按说明书要求选取，过低会降低电桥的灵敏度，过高会导致电桥损坏。在外接电源电路中应串入可调电阻和电流表，以便调节和监视工作电流（图 2.2.4），使此电流不超过被测电阻和标准电阻所允许的最大电流值。

第三是适当选择检流计。有些直流电桥需外接检流计。选择检流计时主要应注意其灵敏度应与所使用的电桥相配合，过低会导致电桥达不到应有的精度；过高会使电桥平衡增加困难、浪费测量时间。选择的方法是，在调节电桥读数臂电阻的最后一位时，检流计有 2 ~ 6 格的偏转。

第四是确保接线正确和掌握正确的操作方法。由于各种成品直流电桥的面板布局和内部接线不同，所以在使用之前必须仔细阅读说明书中的接线图，清楚面板上各接线端钮的功能、转换开关的作用及其刻度盘的读数方法和各按键的作用。然后按照说明书的要求正确接线。

最后应注意维护保养。使用和存放直流电桥必须注意环境清洁，温度和湿度应符合产品要求，防止日光照射并远离热源。

3. 变换法

变换法是指，在测量电阻时，采用数字技术，通过 A/D 转换器将有关物理量变换成数字量，或者利用 A/D、D/A 转换器，并通过微处理器分析处理而获得被测电阻的方法。

二、阻抗参数及其测量方法

阻抗参数除电阻外，还有电感、电容和互感。下面介绍阻抗参数的测量方法。

1. 伏安法

1）伏安法测量电感

用伏安法测量电感线圈的电路如图 2.2.5 所示。以适当电流通过被测电感线圈，用电流表测量电流 I，用高内阻电压表测量电感线圈两端的电压 U，则线圈的阻抗$|Z_x|$为

$$|Z_x| = \frac{U}{I} \tag{2.2.10}$$

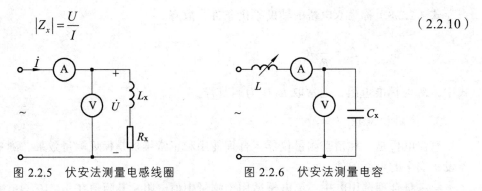

图 2.2.5 伏安法测量电感线圈　　　图 2.2.6 伏安法测量电容

考虑到频率较低的情况下，线圈的交流电阻与直流电阻基本相同。因此，可在直流下测量出被测电感线圈的电阻 R_x。如果测量时的正弦交流频率 f 为已知，则可按下式求得被测电感线圈的电感

$$L_x = \frac{\sqrt{|Z_x|^2 - R_x^2}}{2\pi f} = \frac{\sqrt{\left(\dfrac{U}{I}\right)^2 - R_x^2}}{2\pi f} \tag{2.2.11}$$

2）伏安法测量电容

用电压表和电流表测量电容的线路如图 2.2.6 所示。为了使电流表获得足够大的读数，可适当串联一可变电感 L，使电路在接近谐振下进行测量。

采用这一方法需用内阻比较大的电压表进行测量。如采用静电系电压表等。

若电压表的示值为 U，电流表的示值为 I，则被测电容 C_x 为

$$C_x = \frac{I}{\omega U} \tag{2.2.12}$$

式中，ω 为电源的角频率。

2. 三表法

三表法就是用电压表、电流表和功率表分别测量被测阻抗的 U、I、P，然后通过计算得出等效参数的间接测定阻抗的方法。如图 2.2.7 所示。

如果忽略仪表本身损耗，则被测电阻 R_x 和电抗 X_x 可以由下式计算得出：

$$R_x = \frac{P}{I^2} \tag{2.2.13}$$

$$X_x = \sqrt{\left(\frac{U}{I}\right)^2 - R_x^2} = \sqrt{\left(\frac{U}{I}\right)^2 - \left(\frac{P}{I^2}\right)^2} \tag{2.2.14}$$

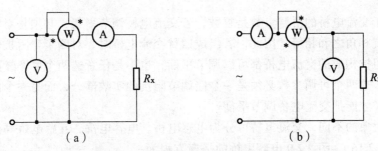

（a）　　　　　　　　　　　　　　（b）

图 2.2.7　三表法测量阻抗的两种接线图

如果阻抗是一个电感线圈，则电感为

$$L_x = \frac{\sqrt{\left(\frac{U}{I}\right)^2 - \left(\frac{P}{I^2}\right)^2}}{2\pi f} \tag{2.2.15}$$

以上两种方法存在的主要问题是：受仪表测量频率范围的限制，通常只能在低频情况下使用，而且都属于间接测量，受测量仪表准确度限制，准确度较低。

3. 电桥法

交流电桥与直流电桥的基本原理相似，利用比较测量原理，将未知被测量与已知标准量进行比较（标准量通常取为标准电容、电阻），从而确定被测量。但交流电桥的桥臂的参数是复数，检流计支路中的不平衡电压也是复数，使得交流电桥的调节方法和平衡过程变得复杂。但交流电桥法具有应用广泛、频率高、准确度高等优点。

常用的交流四臂电桥电路如图 2.2.8 所示，四个桥臂用阻抗组成，c、d 之间接入的是交流指零仪，交流指零仪可以是电子示波器、耳机、振动式检流计或放大器等。

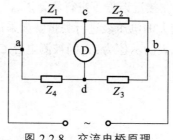

图 2.2.8　交流电桥原理

与直流电桥相似，当指零仪指零时，电桥相对臂的阻抗之积相等，即

$$Z_1 Z_3 = Z_2 Z_4 \tag{2.2.16}$$

即

$$\left.\begin{array}{l} |Z_1| \cdot |Z_3| = |Z_2| \cdot |Z_4| \\ \varphi_1 + \varphi_3 = \varphi_2 + \varphi_4 \end{array}\right\} \tag{2.2.17}$$

若第一臂为被测阻抗，则得：

$$Z_1 = Z_x = \frac{Z_2}{Z_3} Z_4 \tag{2.2.18}$$

可见，由于交流电桥的桥臂参数是复数，若交流电桥调节平衡，必须是对臂阻抗模之积相等，对臂阻抗相角之和相等。因此，若组成四臂交流电桥时，对四个臂阻抗性质有限制，不是任意四个阻抗构成的交流电桥都可以调节平衡，也不是任意选两个可调参数都能把交流电桥调节平衡。这两个可调参数必须是一个能调节阻抗的实数部分，而另一个能调节阻抗的虚数部分，这样才能把交流电桥调节平衡。

根据被测对象的不同，交流电桥可分为电感电桥、电容电桥、互感电桥等。

根据式（2.2.16），图 2.2.9 电容电桥的平衡方程为：

$$R_3 \left(R_x + \frac{1}{j\omega C_x} \right) = R_2 \left(R_4 + \frac{1}{j\omega C_4} \right) \tag{2.2.19}$$

可得

$$\left.\begin{array}{l} C_x = \dfrac{R_3}{R_2} C_4 \\[2mm] R_x = \dfrac{R_2}{R_3} R_4 \end{array}\right\} \tag{2.2.20}$$

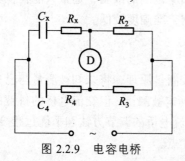

图 2.2.9　电容电桥

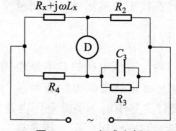

图 2.2.10　电感电桥

因为 C_4 是固定值，在测量时应先调节 R_3/R_2 的值，使 $C_x = R_3 C_4/R_2$ 得到满足，然后再调节 R_4 以满足 $R_x = R_2 R_4/R_3$。因为只有同时满足两个条件电桥才能平衡，所以需对 R_3/R_2、R_4 等参数反复调试。

同理，对图 2.2.10 电感电桥，可写出平衡方程：

$$R_2 R_4 = (R_x + j\omega L_x)\frac{1}{\dfrac{1}{R_3} + j\omega C_3} \qquad (2.2.21)$$

即

$$\left.\begin{array}{l} L_x = C_3 R_2 R_4 \\[2mm] R_x = \dfrac{R_2}{R_3} R_4 \end{array}\right\} \qquad (2.2.22)$$

通常选 R_4、R_3 作为调节元件。

4. 变换法

变换法就是利用数字技术，通过对电压、电流矢量的采样、处理，获得阻抗信息，一般由微处理器控制和处理，具有接口功能，可与外部设备进行信息交换。

5. 互感的测定

测量互感方法有多种，这里介绍几种常用方法。

1）互感电压法

测量电路见图 2.2.11 所示，图中电容 C 和信号源 $\dot{U}_s$ 的频率 f 为已知，则 L_2 两端的开路电压 U_2 为

$$U_2 = \omega M I_1$$

由于

$$I_1 = \frac{U_c}{X_c} = \omega C U_c$$

所以

$$M = \frac{U_2}{\omega I_1} = \frac{U_2}{\omega^2 C U_c} \qquad (2.2.23)$$

可见只要在某一已知频率下测出 U_c 和 U_2，即求得互感 M 之值。

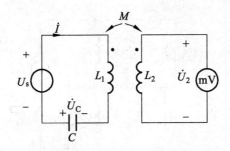

图 2.2.11 互感电压法测量互感

2）谐振法

谐振法测量互感是把互感线圈的两个线圈 L_1 和 L_2 串联起来，配以标准电容和电阻组成串联谐振电路，如图 2.2.12 所示。

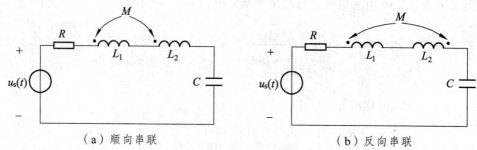

（a）顺向串联　　　　　　　　　　（b）反向串联

图 2.2.12　谐振法测量互感

分别测出两个线圈顺向和反向联接时的谐振频率 f_1 和 f_2，电路在谐振状态时，则可求得

顺向联接时的等效电感　　　$L_{顺} = \dfrac{1}{(2\pi f)^2 C} = L_1 + L_2 + 2M$ 　　　　　（2.2.24）

反向联接时的等效电感　　　$L_{反} = \dfrac{1}{(2\pi f)^2 C} = L_1 + L_2 - 2M$ 　　　　　（2.2.25）

故互感 M 为

$$M = \frac{L_{顺} - L_{反}}{4}$$ 　　　　　（2.2.26）

这种方法测得的值准确度不高，特别是当 $L_{顺}$ 和 $L_{反}$ 的值比较接近时，将引起较大的误差。

3）交流电桥法

用交流电桥法测量互感的电桥线路很多，若需要可参阅有关资料。

4）同名端的测试

测定互感同名端一般可用以下两种方法。

① 将两个电感线圈用两种不同的方式串联，测出其等效阻抗，较大的一种是正向串联，因而可知两线圈相联的两端是异名端。

② 在图 2.2.13 所示电路中，给线圈 L_1 通以正弦电流，用电压表分别测出 U_1、U_2 和 U，若有 $U > U_1$ 且 $U > U_2$，则表示两线圈相接的两端是异名端。

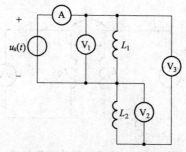

图 2.2.13　同名端的测定

第三节 功率的测量

功率测量广泛采用电动系功率表。本章主要介绍功率的测量方法。

一、直流功率的测量

1. 用电流表和电压表测量直流功率

直流功率 P 的表达式为

$$P = UI \tag{2.3.1}$$

可见，通过测量 U、I 值可间接求得直流功率。这种间接测量法如图 2.3.1 所示。

图 2.3.1（a），电压表读数为负载电压与电流表电压之和，因此按式（2.3.1）计算所得的功率比被测负载功率多了电流表的功耗。图 2.3.1（b）中电流表的电流值为负载电流和电压表中电流之和，因此按式（2.3.1）计算所得功率比被测负载功率多了电压表的功耗。

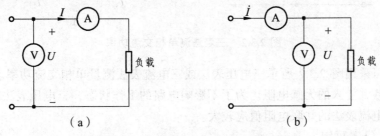

（a）　　　　　　　　　　　　　　　（b）

图 2.3.1　用电流表、电压表测功率

通常情况下，电流表压降很小，所以多用图（a）接法。只有在负载电阻小的低电压大电流情况下才用图（b）的接法。在精密测量时需要扣除仪表功耗。

用这种方法测量直流功率，其测量范围受电压表和电流表的测量范围的限制。常用电流表的测量范围为 0.1 mA ~ 50 A，电压表的测量范围为 1 ~ 600 V。

2. 用功率表测直流功率

用电动系功率表可直接测量直流功率。由于电动系功率表有电压线圈和电流线圈，所以也有电压线圈接在电源端和接在负载端之分。当测量准确度要求较高时可采用直流电位差计测量直流功率或采用数字功率表进行测量。

二、单相交流有功功率的测量

1. 用间接法测量

单相交流有功功率的表达式

$$P = UI \cos\varphi \qquad\qquad (2.3.2)$$

所以，用电压表、电流表和相位表分别测出 U、I、$\cos\varphi$ 就可算出有功功率 P 的值。由于 $\cos\varphi$ 表的准确度不高，此法很少采用。

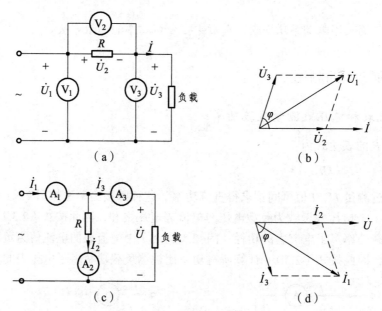

图 2.3.2　三表法测单相交流功率

另外，也可采用图 2.3.2 所示三电压表法或三电流表法测量单相交流功率。图中 R 为便于测量而串（或并）入的无感电阻。为了不影响电路的工作状态，三电压表法的串联电阻值应较小。而三电流表法的并联电阻值应较大。

由图 2.3.2（b）可知

$$U_1^2 = U_2^2 + U_3^2 + 2U_2U_3 \cos\varphi$$

因 $U_2 = RI$ 和 $P = U_3I\cos\varphi$，所以

$$P = \frac{U_1^2 - U_2^2 - U_3^2}{2R} \qquad\qquad (2.3.3)$$

由图 2.3.2（d）可知

$$I_1^2 = I_2^2 + I_3^2 + 2I_2I_3 \cos\varphi$$

因 $I_2 = \dfrac{U}{R}$ 和 $P = UI_3\cos\varphi$，所以

$$P = \frac{(I_1^2 - I_2^2 - I_3^2)R}{2} \qquad\qquad (2.3.4)$$

2. 用功率表测量

电动系功率表既可作为直流功率表，也可作为交流功率表。在使用功率表时应按图 2.3.3

所示接线，即电压线圈和电流线圈的"*"号端连接在一起，以保证功率表正常工作，以免发生表针反偏转而损坏仪表。

值得注意的是，一般功率表按标称功率因数 $\cos\varphi = 1$ 设计，因此当测量 $\cos\varphi = 0.1$ 的功率时误差很大，必须采用低功率因数表。低功率因数功率表在磁测量中被广泛地应用。

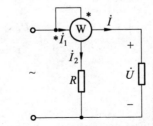

图 2.3.3　电动系功率表的接线图

三、三相功率的测量

实际工程中广泛采用三相交流电，因此更多地需要测量三相交流电路的功率。测量三相电路的功率根据电流和负载的连接方式不同，可分别用单相功率表或三相功率表来测量。

1. 一表法测量三相对称负载功率

1）有功功率测量

在三相四线制电路中，当电源对称且负载是 Y 接法时，用一只功率表按图 2.3.4（a）连线就可测量其功率。对于负载是 △ 接法时，按图 2.3.4（b）连接线路进行测量。

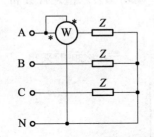 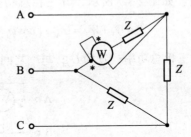

（a）三相四线制 Y 接法对称负载　　　　（b）三相三线制 △ 接法对称负载

图 2.3.4　一表测三相对称负载

在三相对称电路中，三相负载的总功率为任何一相负载功率的 3 倍。因此，图 2.3.4 中三相功率与单相功率表读数 W 的关系式为

$$P = 3W \tag{2.3.5}$$

一表法适用于对称三相三线制电路，也适用于对称三相四线制电路。

2）无功功率测量

也可用一表法测量对称三相电路的无功功率。其电路图如图 2.3.5 所示。

功率表的指示值为

$$P = U_{BC} I_A \cos \varphi'$$

（2.3.6）

式中，U_{BC} 为 B、C 两相之间的线电压，I_A 为 A 相的线电流，φ' 为 $\dot{U}_{BC}$、$\dot{I}_A$ 之间的夹角。

令 $U_{BC} = U_1$，$I_A = I_1$，U_1、I_1 为线电压、线电流。由图 2.3.6 所示的对称三相电路的电压、电流相量图可知 $\varphi' = 90° - \varphi$，φ 为负载阻抗角。

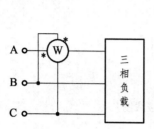 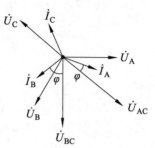

图 2.3.5 一表法测对称三相电路的无功功率　　图 2.3.6 对称三相电路的电压、电流相量图

功率表的读数为

$$P = U_{BC} I_A \cos(90° - \varphi) = U_1 I_1 \sin \varphi$$

无功功率 Q 为

$$Q = \sqrt{3} U_1 I_1 \sin \varphi = \sqrt{3} P$$

（2.3.7）

2. 两表法测量三相三线制的功率

在三相三线制电路中，不论电路是否对称，也不论负载是 Y 连接还是 △ 连接，都可用两表法来测量。如图 2.3.7 所示，其三相总功率等于 W_1、W_2 两功率表示值之代数和，即

$$P = W_1 + W_2 = U_{AC} I_A \cos \varphi_1 + U_{BC} I_B \cos \varphi_2$$

（2.3.8）

式中，P 为三相总功率；φ_1 为 $\dot{U}_{AC}$ 与 $\dot{I}_A$ 之间的夹角，φ_2 为 $\dot{U}_{BC}$ 与 $\dot{I}_B$ 之间的夹角。

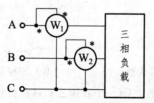

图 2.3.7 二表法测三相电路的有功功率

二表法只适用于三相三线制，不适用三相四线制。

二表法特别适用于不对称三线制电路，二块功率表的代数和就直接指示三相总的有功功率。

在对称三相电源、对称三相负载的情况下，由图 2.3.6 对称三相电路的电压、电流相量图可知

$$U_{AC} = U_{BC} = U_1, I_A = I_B = I_1$$

$$\varphi_1 = 30° - \varphi, \quad \varphi_2 = 30° + \varphi$$

所以 $P = U_1 I_1 \cos(30° - \varphi) + U_1 I_1 \cos(30° + \varphi)$ （2.3.9）

讨论：

① 负载为电阻性（ $\varphi = 0$ ）时，两表读数相等。

$$P = W_1 + W_2 = U_1 I_1 \cos 30° + U_1 I_1 \cos 30° = 2W_1 = 2W_2$$

② 负载功率因数为 0.5（即 $\varphi = \pm 60°$ ）时，其中一只功率表的读数为零，则

$$P = W_1 + W_2 = U_1 I_1 \cos 90° + U_1 I_1 \cos(-30°) = U_1 I_1 \cos 30°$$

③ 负载功率因数小于 0.5（即 $|\varphi| > 60°$ ）时，其中一只功率表为负值，指针反偏。为了读出反偏功率表的读数，将反偏的这个功率表，用一个极性转换开关改变线圈或电流线圈的电流方向，使其正向偏转。但计算总功率时这个功率表的读数（如 W_2 ）以负值计算。即

$$P = W_1 + (-W_2) = W_1 - W_2$$

综上所述，两表法测量三相功率，总功率应为两表读数的代数和。

二表法的接线规则：

① 两功率表的电流线圈分别串接入任意两端线，使通过电流线圈的电流为三相电路的线电流。

② 两功率表的电压线圈的 "*" 端必须与该功率表电流线圈的 "*" 端相连，而两个功率表的电压线圈的另一端必须与没有接功率表电流线圈的第三端线相联。

利用二表法不但可以测量三相电路的有功功率，在电路对称的情况下，还可以测得三相电路的无功功率，将 W_1 与 W_2 二式相减，得

$$W_1 - W_2 = U_1 I_1 \cos(30° - \varphi) - U_1 I_1 \cos(30° + \varphi) = U_1 I_1 \sin \varphi$$

由此可得到对称负载的三相无功功率 Q 为

$$Q = \sqrt{3} U_1 I_1 \sin \varphi = \sqrt{3}(W_1 - W_2)$$ （2.3.10）

从而可以求得负载的功率因数角 φ

$$\varphi = \tan^{-1} \frac{Q}{P} = \tan^{-1} \frac{\sqrt{3}(W_1 - W_2)}{W_1 + W_2}$$ （2.3.11）

3. 三表法测三相四线制功率

在三相四线制不对称系统中，必须用三只功率表分别测出各相功率，其接线如图 2.3.8 所示。三相总的功率为各相功率表之和，即

$$P = W_1 + W_2 + W_3$$ （2.3.12）

用三表法也可准确地测量三相三线制电路的有功功率。如图 2.3.9 所示。此时功率表的电压承受的是相电压。如果三相电路完全对称，则各功率表的示值是各相功率。但当三相电路不对称时，各功率表的示值虽然不等于各对应相的有功功率，但三只功率表示值的代数和却等于三相电路的总功率，不管三相电路是否对称，这个结论都是正确的。

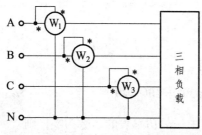

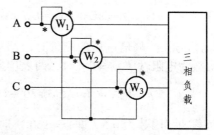

图 2.3.8　三表法测三相四线制功率　　　　　图 2.3.9　三表法测三相三线制功率

两表法和三表法测三相功率，可用单相功率表，也可用三相功率表。三相功率表的结构可分为二元三相功率表和三元三相功率表。二元（三元）三相功率表实质上等于两只（三只）单相功率表，只是将两只（三只）表的可动部分装在一个公共转轴上，转轴上的转矩等于两个（三个）可动部分转矩的代数和。只要按两表法（三表法）进行接线，则其读数就是被测三相功率。

第四节　波形测试技术

示波器广泛用于电量以及各种非电量的测量中。利用示波器可以定性观察电路动态过程、定量测量各种电参量等，本节介绍最基本的波形测试技术，即对电压、时间、相位、频率的测量。

一、电压测量

示波器测量电压最常用的方法是直接测量法，即直接从示波器屏幕上量出被测电压波形的高度，通过换算得到所测电压。

1. 直流电压的测量

首先设置面板控制旋钮，使屏幕显示扫描基线；将被选用通道的耦合方式置为"GND"，调节垂直移位，使扫描基线在某一水平坐标上，定义此时电压为零；将被测信号输入被选用通道，耦合方式置"DC"，调整电压衰减器，使扫描基线偏移在屏幕中一个合适的位置（微调顺时针旋足置校正位置），测量扫描线在垂直方向偏转基线的距离如图 2.4.1 所示，然后计算被测直流电压值，即

$U =$ 垂直方向格数 × 垂直偏转因数 × 偏转方向（ + 或 – ）。

例如，在图 2.4.1 中测出扫描基线比原基线上移 2.7 格，用 1∶1 探头测量，偏转因数（V/div）为 2 V/div，则被测直流电压值为

$$U = 2.7 \times 2\,(+) = 5.4\,(\text{V})$$

2. 峰—峰值电压的测量

对被测信号峰　峰值电压的测量时，首先将被测信号输入至 CH1 或 CH2 通道，将示波器的耦合方式置于"AC"，调节电压衰减器（V/div）并观察波形，使被显示的波形幅度适中，并使波形稳定，测量垂直方向两峰点 A、B 两点的格数如图 2.4.2 所示，并计算被测信号的峰峰电压值为

$$U_{P-P} = 垂直方向的格数 \times 垂直偏转因数$$

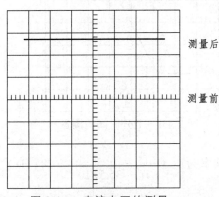

图 2.4.1　直流电压的测量

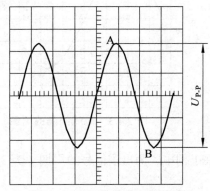

图 2.4.2　峰-峰值电压的测量

例如，在图 2.4.2 中，测得 A、B 两点的垂直格数为 4.8 格，用 1：1 探头，垂直偏转因数（V/div）为 2 V/div，则

$$U_{P-P} = 4.8 \times 2 = 9.6 \text{ V}$$

根据峰–峰值，通过计算方法，可得到被测正弦信号的有效值

$$U = \frac{1}{2\sqrt{2}} U_{P-P}$$

二、时间的测量

1. 时间间隔的测量

对一个波形中两点间时间间隔的测量，可先将被测信号输入至 CH1 或 CH2 通道，将示波器的耦合方式置于"AC"，调节触发电平使波形稳定，将扫描微调旋钮顺时针旋足（校正位置），调节扫描时间因数开关（t/div）使屏幕显示 1~2 个信号周期；测量两点间的水平距离，如图 2.4.3 所示，按下式计算出时间间隔

$$时间间隔 = \frac{两点间的水平距离(格) \times 扫描时间因数 (t/div)}{水平扩展因数}$$

例如，如图 2.4.3 所示，测量 A、B 两点的水平距离为 7.1 格，扫描时间因数（t/div）为 5 ms/div，则

$$时间间隔 = 7.1 \text{ 格} \times 5 \text{ ms/div} = 35.5 （ms）$$

2．频率和周期的测量

在图 2.4.3 中，A、B 两点间的时间间隔的测量即为该信号的周期 T，该信号的频率则为 $\frac{1}{T}$。

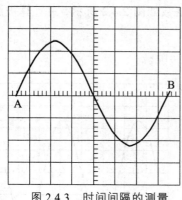

图 2.4.3　时间间隔的测量

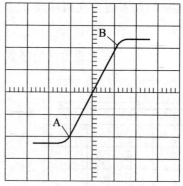

图 2.4.4　上升时间的测量

在上例中，测出该信号的周期 T 为 35.5 ms，频率为：$f = \frac{1}{T} = \frac{1}{35.5 \times 10^{-3}} = 28\,(\text{Hz})$。

3．上升（或下降）时间的测量

上升时间或下降时间的测量和时间间隔的测量方法一样，不过被选择的测量点规定在波形满幅的 10% 和 90% 两处，如图 2.4.4 中 A、B 两点。测量 A、B 两点间的水平距离，按下式计算出波形的上升时间。注意，测量过程中，扫描"微调"旋钮应置于"校正"位。

$$上升（或下降）时间 = \frac{水平距离（格）\times 扫描时间因数（t/div）}{水平扩展因数}$$

例如，在图 2.4.4 中，波形上升沿的 10% 处（A 点）至 90% 处（B 点）的水平距离为 2.2 格，扫描时间因数开关置 1 μs/div，扫描扩展因数为 ×5（注：对一些速度较快的前沿（或后沿）的测量，将扫描扩展旋钮拉出，可使波形中水平方向扩展 5 倍），则

$$上升时间 = \frac{2.2（格）\times 1\,\mu/div}{5} = 0.44\,(\mu s)$$

四、相位差的测量

1．线性扫描法

将两个频率相同的被测正弦电压 u_1、u_2 分别接入 CH1 和 CH2 输入端，在线性扫描情况下，可在屏幕上得到两个稳定的波形，如图 2.4.5 所示。图中 a、b 两点之间距离为被测信号的周期，a、c 两点间距离为两个被测信号之间的相位差，其相位差为：

$$\theta = \frac{ac}{ab} \times 360°$$

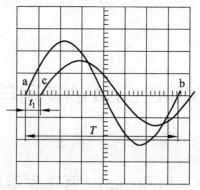

图 2.4.5　两个同频率正弦波的相位差测量

注意：① 只能用其中一个波形去触发扫描电路（通常为超前的信号），以免产生相位误差；② 为保证两信号的光迹的横轴重合，测量前将 CH1 和 CH2 的输入耦合方式置"GND"位置，调节垂直位移，使两时间基线重合，再将此开关置于"AC"，以防直流电平的影响。

例如，在图 2.4.5 中，两个同频率正弦波信号的周期是 $ab = 7.1$ 格，两个信号波形之间的水平距离 $ac = 0.6$ 格，则两信号的相位差为：

$$\theta = \frac{0.6}{7.1} \times 360° = 30°$$

2. 李沙育图形法

按下 X-Y 键，示波器 CH1 上信号输入 X 轴，CH2 上的信号输入 Y 轴，仍用超前信号作触发，调节两通道的"V/div"和微调，使荧光屏上在 X 轴向和 Y 轴向所显示的波形峰—峰值均为 A，如图 2.4.6（a）所示。读出图形曲线与 X 轴的两个交点之间的距离 B，则两信号间的相位差为：$\theta = \arcsin\dfrac{B}{A}$。图 2.4.6（b）显示了几个特殊相位差下的李沙育图形。

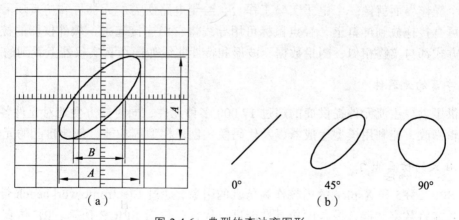

图 2.4.6　典型的李沙育图形

第三章　Multisim10 的使用与仿真实验

第一节　Multisim10 概述和基本操作

一、概　述

Multisim10 是一种在电路、电子类技术广泛应用的优秀计算机仿真设计软件。它可以实现原理图的捕获、电路分析、交互式仿真、电路板设计、仿真仪器测试、集成测试、射频分析、单片机等高级应用。其数量众多的元器件数据库、标准化的仿真仪器、直观的捕获界面、更加简洁明了的操作、强大的分析测试功能、可信的测试结果，将虚拟仪器技术的灵活性扩展到了电路、电子设计者的工作平台。弥补了测试与设计功能之间的缺口，强化了电子电路实验教学，进一步培养学生的综合分析能力和开发创新能力。特别适合于高校电子电路类课程的教学和实验应用。

二、multisim 软件特点

1. 直观的图形界面

整个操作界面就像一个电了实验工作台，绘制电路所需的元器件和仿真所需的测试仪器均可直接拖放到屏幕上，轻点鼠标可用导线将它们连接起来，软件仪器的控制面板和操作方式都与实物相似，测量数据、波形和特性曲线如同在真实仪器上看到的。

2. 丰富的元器件

提供了世界主流元件提供商的超过 17 000 多种元件，同时能方便地对元件各种参数进行编辑修改，能利用模型生成器以及代码模式创建模型等功能，创建自己的元器件。

3. 强大的仿真能力

以 SPICE3F5 和 Xspice 的内核作为仿真的引擎，通过 Electronic workbench 带有的增强设计功能将数字和混合模式的仿真性能进行优化。包括 SPICE 仿真、RF 仿真、MCU 仿真、VHDL 仿真、电路向导等功能。

4. 丰富的测试仪器

提供了 22 种虚拟仪器进行电路动作的测量。

三、multisim 软件分析功能

直流工作点分析（DC Operating Point Analysis）。在进行直流工作点分析时，电路中的交流源将被置零，电容开路，电感短路。

交流分析（AC Analysis）。用于分析电路的频率特性。

瞬态分析（Transient Analysis）。是指对所选定的电路节点的时域响应，即观察该节点在整个显示周期中每一时刻的电压波形。

傅里叶分析（Fourier Analysis）：用于分析一个时域信号的直流分量、基频分量和谐波分量。即把被测节点处的时域变化信号作离散傅里叶变换，求出它的频域变化规律。

噪声系数分析（Noise Analysis）：主要用于研究元件模型中的噪声参数对电路的影响。分析电阻或晶体管的噪声对电路的影响。

失真分析（Distortion Analysis）：用于分析电子电路中的谐波失真和内部调制失真（互调失真），通常非线性失真会导致谐波失真，而相位偏移会导致互调失真。

直流扫描分析（DC Sweep Analysis）：是利用一个或两个直流电源分析电路中某一节点上的直流工作点的数值变化的情况。

灵敏度分析（DC and AC Sensitivity Analysis）：分析电路特性对电路中元器件参数的敏感程度。灵敏度分析包括直流灵敏度分析和交流灵敏度分析功能。

参数扫描分析（Parameter Sweep Analysis）：采用参数扫描方法分析电路，可以较快地获得某个元件的参数，在一定范围内变化时对电路的影响。

温度扫描分析（Temperature Sweep Analysis）：可以同时观察到在不同温度条件下的电路特性，相当于该元件每次取不同的温度值进行多次仿真。

零一极点分析（Pole Zero Analysis）：该分析方法可以用于交流小信号电路传递函数中零点和极点的分析。

传递函数分析（Transfer Function Analysis）：分析一个源与两个节点的输出电压或一个源与一个电流输出变量之间的直流小信号传递函数。也可以用于计算输入和输出阻抗。

最坏情况分析（Worst Case Analysis）：它可以观察到在元件参数变化时，电路特性变化的最坏可能性。适合于对模拟电路直流和小信号电路的分析。

蒙特卡罗分析（Monte Carlo Analysis）：是采用统计分析方法来观察给定电路中的元件参数，按选定的误差分布类型在一定的范围内变化时，对电路特性的影响。用这些分析的结果，可以预测电路在批量生产时的成品率和生产成本。

导线宽度分析（Trace Width Analysis）：用于计算电路中电流流过时所需要的最小导线宽度。

批处理分析（Batched Analysis）：批处理分析可以将不同的分析功能放在一起依序执行。它们利用仿真产生的数据执行分析，分析范围很广，从基本的到极端的到不常见的都有，并可以将一个分析作为另一个分析的一部分的自动执行。集成 LabVIEW 和 Signalexpress 快速进行原型开发和测试设计，具有符合行业标准的交互式测量和分析功能。

四、Multisim10 的主界面及菜单介绍

启动 Multisim10，屏幕上出现如图 3.1.1 所示的 Multisim10 工作界面。工作界面主要有主菜单、工具栏、元件组、设计管理器、主设计窗口、状态栏、仿真开关等部分组成。

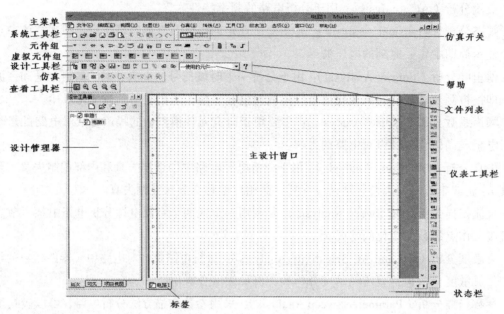

图 3.1.1　Multisim10 工作界面

1. 系统主菜单命令

主菜单中各命令意义见表 3.1.1 至表 3.1.12。

表 3.1.1　文件（File）命令

命令名称	所执行操作
New	新建文件
Open（Ctrl + O）	打开一个已存在的文件
Open Samples	打开已存在的 Multisim 例子的文件
Close	关闭当前电路文件
Close All	关闭所有已打开的电路
Save（Ctrl + S）	保存当前文件
Save As	将当前文件另存为其他文件名
Save All	保存当前所有打开有文件
New Project	建立一个新的项目（仅在专业版出现，教育版中无此功能）
Open Project	打开原有的项目（仅在专业版出现，教育版中无此功能）
Save Project	保存当前项目（仅在专业版出现，教育版中无此功能）
Close Project	关闭当前的项目（仅在专业版出现，教育版中无此功能）

命令名称	所执行操作
Version Control	版本控制（仅在专业版出现，教育版中无此功能）
Print（Ctrl+P）	打印电路工作区内的电路原理图
Print Preview	打印预览
Print Options	包括 Print Setup（打印设置）和 Print Instruments（打印电路工作区内仪表）命令
Recent Designs	选择打开最近打开过的文件
Recent Project	选择打开最近打开过的项目
Exit	退出并关闭 Multisim 程序

表 3.1.2　编辑（Edit）菜单命令

命令名称	所执行操作
Undo（Ctrl+Z）	取消前一次操作
Redo（Ctrl+Y）	重复前一次操作
Cut（Ctrl+X）	剪切所选择的元器件，放在剪贴板中
Copy（Ctrl+C）	将所选择的元器件复制到剪贴板中
Paste（Ctrl+V）	将剪贴板中的元器件粘贴到指定的位置
Delete	删除所选择的元器件
Select All	选择电路中所有的元器件、导线和仪器仪表
Delete Multi-Page	删除多页面电路文件中的某一页电路文件
Paste as Subcircuit	将剪贴板中的子电路粘贴到指定的位置
Find（Ctrl+F）	查找电原理图中的元器件
Graphic Annotation	图形注释选项
Order	改变电路图所选元器件和注释的叠放顺序
Assign to Layer	指定所选的图层为注释层
Layer Settings	图层设置
Orientation	旋转方向选择。包括 Flip Horizontal（将所选择的元器件左右旋转）Flip Vertical（将所选择的元器件上下旋转），90Clockwise（将所选择的元器件顺时旋转 $90°$），90CounterCW（将所选择的元器件逆时旋转 $90°$）
Title Block Position	设置电路图标题栏位置
Edit Symbol/Title Block	编辑元器件符号/标题栏
Font	字体设置
Comment	表单编辑
Forms/Questions	表单编辑/编辑与电路有关的问题
Properties（Ctrl+M）	打开属性对话框

表 3.1.3　视图（View）菜单命令

命令名称	所执行操作
Full Screen	全屏显示电路窗口
Parent Sheet	显示子电路或分层电路的父节点
Zoom In（F8）	放大电路原理图
Zoom Out（F9）	缩小电路原理图
Zoom Area（F10）	放大所选电路图的区域
Zoom Fit to Page（F7）	放大到适合的页面
Zoom to magnification（F11）	按比例放大到适合的页面
Zoom Selection（F12）	放大选择
Show Grid	显示栅格
Show Border	显示电路的边界
Show Page Bounds	显示页边界
Ruler Bars	显示标尺栏
Status Bar	显示状态栏
Design Toolbox	显示设计工具栏
Spreadsheet View	显示数据表格栏
Circuit Description Box（Ctrl + D）	显示或者关闭电路描述工具箱
Toolbars	显示或者关闭工具箱
Show Comment/Probe	显示或者关闭注释/探针显示
Grapher	显示或者关闭仿真结果的图表

表 3.1.4　放置（Place）菜单命令

命令名称	所执行操作
Component（Ctrl + W）	放置元器件
Junction（Ctrl + J）	放置节点
Wire（Ctrl + Q）	放置导线
Bus（Ctrl + U）	放置总线
Connectors	放置输入/输出端口连接器
New Hierarchical Block	放置一个新的层次电路模块
Replace by Hierarchical Block	用层次电路模块替换所选电路模块
Hierarchical Block form File	来自文件的层次模块
New Subcircuit（Ctrl + B）	创建子电路
Replace by Subcircuit	子电路替换所选电路
Multi-Page	产生多层电路

命令名称	所执行操作
Merge Bus	合并总线
Bus Vector Connect	总线矢量连接
Comment	放置提示注释
Text（Ctrl+T）	放置文本
Graphics	放置图形
Title Block	放置工程的标题栏

表 3.1.5　MCU（微控制器）菜单命令

命令名称	所执行操作
No MCU Component Found	没有创建 MCU 器件
Debug View Format	调试视图格式
MCU Window	微控制器窗口
Show Line Numbers	显示线路数目
Pause	暂停
Step into	单步步入
Step over	单步步过
Step out	离开
Run to cursor	运行到指针
Toggle breakpoint	设置断点
Remove all breakpoints	移出所有的断点

表 3.1.6　仿真（Simulate）菜单命令

命令名称	所执行操作
Run（F5）	开始仿真
Pause（F6）	暂停仿真
Stop	停止仿真
Instruments	选择仪器仪表
Interactive Simulation Settings	交互式仿真设置
Digital Simulation Settings	数字仿真设置
Analysis	对当前电路进行各种分析
Postprocessor	对电路分析启动后处理器
Simulation Error Log/Audit Trail	仿真误差记录/查询索引
XSpice Command Line Interface	XSpice 命令界面
Load Simulation Settings	导入仿真设置

命令名称	所执行操作
Save Simulation Settings	保存仿真设置
Auto Fault Option	自动设置电路故障选择
VHDL Simulation	运行 VHDL 仿真
Dynamic Probe Properties	动态探针属性
Reverse Probe Direction	探针极性反向
Clear Instrument Data	清除仪器数据
Use Tolerances	允许误差

表 3.1.7 转换（Transfer）菜单命令

命令名称	所执行操作
Transfer to Ultiboard 10	将电路图传送到 Ultiboard 10
Transfer to Ultiboard 9 or earlier	将电路图传送到 Ultiboard 9 或者其他早期版本
Export to PCB Layout	输出 PCB 设计图
Forward Annotate to Ultiboard 10	创建 Ultiboard 10 注释文件
Forward Annotate to Ultiboard 9 or earlier	创建 Ultiboard 9 或者其他早期版本注释文件
Back Annotate for Ultiboard	修改 Ultiboard 注释文件
Highlight Selection in Ultiboard	加亮所选择的 Ultiboard
Export Netlist	输出网表

表 3.1.8 工具（Tools）菜单命令

命令名称	所执行操作
Component Wizard	元件编辑器
Database	数据库对元件库进行管理、保存、转换和合并
Variant Manager	变量管理器
Set Active Variant	设置动态变量
Circuit Wizards	电路编辑器为 555 定时器、滤波器、运算放大电路和 BJT 共射电路提供设计向导
Rename /Renumber Components	元件重新命名/编号
Replace Components	元件替换
Update Circuit Components	更新电路元件
Update HB/SC Symbols	更新 HB/SC 符号
Electrical Rules Check	电气规则检验
Clear ERC Marker	清除 ERC 标志
Toggle NC Marker	设置 NC 标志

命令名称	所执行操作
Symbol Editor	符号编辑器
Title Block Editor	标题块编辑器
Description Box Editor	电路描述编辑器
Edit Labels	编辑标签
Capture Screen Area	抓图范围

表 3.1.9 报告（Reports）菜单命令

命令名称	所执行操作
Bill of Materials	产生当前电路图的元件清单
Component Detail Report	元件详细报告
Netlist Report	网络表报告
Cross Reference Report	参数表报告
Schematic Statistics	统计信息报告
Spare Gates Report	空闲门电路报告

表 3.1.10 选项（Option）菜单命令

命令名称	所执行操作
Global Preferences	全部参数设置
Sheet Properties	电路或子电路的参数设置
Customize User Interface	用户界面设置

表 3.1.11 窗口（Window）菜单命令

命令名称	所执行操作
New Window	建立新窗口
Close	关闭窗口
Close All	关闭所有窗口
Cascade	窗口层叠
Tile Horizontal	窗口水平平铺
Tile Vertical	窗口垂直平铺
1 circuit	电路 1
Window...	显示所有窗口列表，并选择激活窗口

表 3.1.12　帮助（Help）菜单命令

命令名称	所执行操作
Multisim Help	帮助主题目录
Component Reference	元件索引
Release Notes	版本注释
Check For Updates...	检查软件更新
File Information ...	文件信息
Patents	专利权
About Multisim...	有关 Multisim10 的说明

2．Multisim10 工具栏

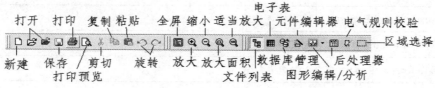

图 3.1.2　工具栏

Multisim10 常用工具栏和名称如图 3.1.2 所示，其具体功能如下：

新建：清除电路工作区，准备生成新电路文件。

打开：打开已存在的电路文件。

保存：保存当前活动的电路文件。

打印：打印电路文件。

剪切：剪切至剪贴板。

复制：复制到剪贴板。

旋转：旋转元件器。

全屏：电路工作区全屏。

放大：将电路图放大一定比例。

缩小：将电路图缩小一定比例。

放大面积：放大电路工作区面积。

适当放大：放大到适合的页面。

文件列表：显示电路文件列表。

电子表：显示电子数据表。

数据库管理：元器件数据库管理。

元件编辑器：元器件创建向导。

图形编辑/分析：图形编辑器和电路分析方法选择。

后处理器：对仿真结果进一步操作。

电气规则校验：校验电气规则。

区域选择：选择电路工作区区域。

第二节　元器件库及仪器仪表库

一、Multisim10 的元器件库

Multisim10 提供了丰富的元器件库，元器件库栏的图标和名称如图 3.2.1 所示。

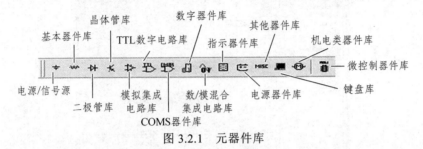

图 3.2.1　元器件库

用鼠标左键单击元器件库栏的某一个图标即可打开元器件库。元器件库中含有 15 个元件大类组成的。每一类下面有许多具体的元器件供选择。关于这些元器件的功能和使用方法将在后面介绍，读者还可以使用在线帮助功能查阅有关的内容。

1. 电源/信号源

电源/信号源库包含有接地端、直流电压源（电池）、正弦交流电压源，时钟电压源、压控电压源等多种电源与信号源。电源/信号源如图 3.2.2 所示。

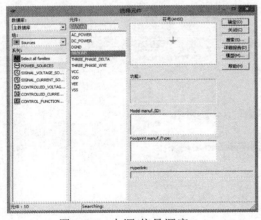

图 3.2.2　电源/信号源库

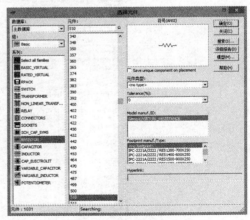

图 3.2.3　基本器件库

2. 基本器件库

基本器件库包含电阻、电容、开关、变压器等多种元件。基本器件库的虚拟元器件的参数是可以任意设置的，非虚拟元器件的参数是固定的，但可以选择的。基本器件库如图 3.2.3 所示。

3．二极管库

二极管库包含有普通二极管、发光二极管、可控硅整流器等多种器件。其虚拟元器件的参数是可以任意设置的，非虚拟元器件的参数是固定的，但可以选择的。二极管库如图 3.2.4 所示。

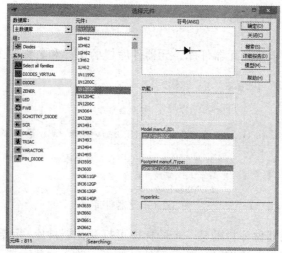

图 3.2.4　二极管库

4．晶体管库

晶体管包含有晶体管、MOS 管、FET 等。其虚拟元器件的参数是可以任意设置的，非虚拟元器件的参数是固定的，但可以选择的。晶体管库如图 3.2.5 所示。

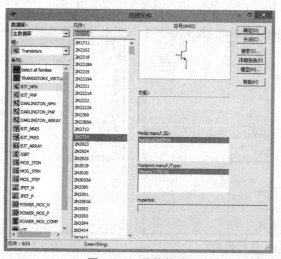

图 3.2.5　晶体管库

5．模拟集成电路库

模拟集成电路库包含有多种运算放大器、比较器等。其虚拟元器件的参数是可以任意设置的，非虚拟元器件的参数是固定的，但可以选择的。模拟集成电路库如图 3.2.6 所示。

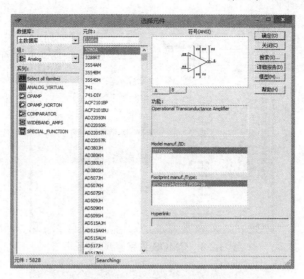

图 3.2.6　模拟集成电路库

6. TTL 数字电路库

TTL 数字集成电路库包含 74ASXX 系列 74LSXX 系列等 74 系列数字电路器件。TTL 数字集成电路库如图 3.2.7 所示。

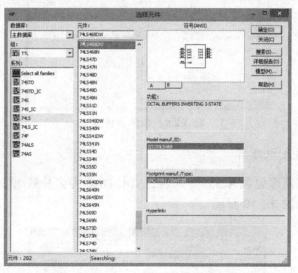

图 3.2.7　TTL 数字集成电路库

7. CMOS 数字集成电路库

CMOS 数字集成电路库包含有 40XX 系列和 74HCXX 系列多种 CMOS 数字集成电路系列器件。CMOS 数字集成电路库如图 3.2.8 所示。

8. 数字器件库

数字器件库包含 DSP、FPGA、PLD、VHDL、MEMORY 等多种器件。数字器件库如图 3.2.9 所示。

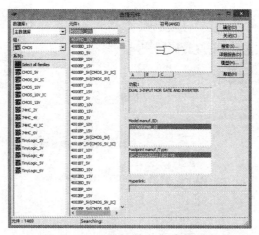

图 3.2.8　CMOS 数字集成电路库

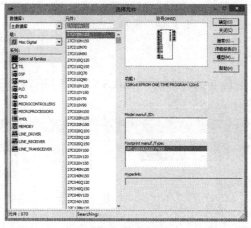

图 3.2.9　数字器件库

9. 数/模混合集成电路库

数/模混合集成电路库包含有 555 定时器、ADC/DAC 等多种数/模混合集成电路器件。数/模混合储存电路库如图 3.2.10 所示。

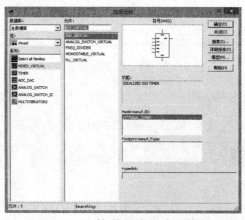

图 3.2.10　数/模混合集成电路库

10. 指示器件库

指示器件库包含有电压表、七段数码管、蜂鸣器等多种器件。指示器件库如图 3.2.11 所示。

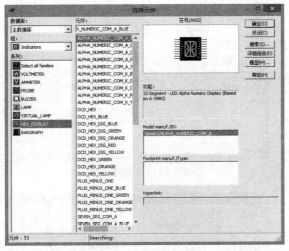

图 3.2.11　指示器件库

11. 电源器件库

电源器件库包含有保险丝、三端稳压器、PWM 控制器等多种电源器件。电源器件库电源器件库如图 3.2.12 所示。

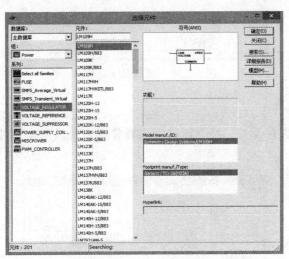

图 3.2.12　电源器件库

12. 其他器件库

其他器件库包含有晶体、光耦合器等多种器件。其他器件库如图 3.2.13 所示。

13. 键盘显示器件库

键盘显示器件库包含有键盘、LCD 等多种器件。键盘显示器件库如图 3.2.14 所示。

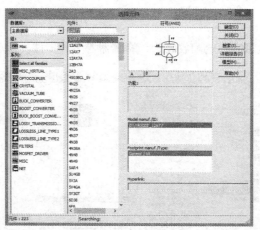

图 3.2.13　其他器件库

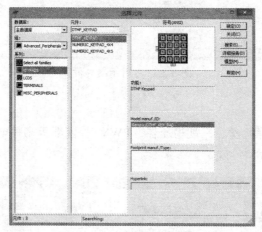

图 3.2.14　键盘显示器件库

14.　机电类器件库

机电类器件库包含有开关、继电器、输出装置等多种机电类器件。机电类器件库如图 3.2.15 所示。

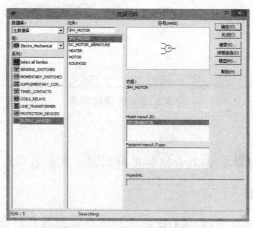

图 3.2.15　机电类器件库

15. 微控制器件库

微控制器件包含有 PIC、RAM、ROM 等多种微控制器件。微控制器件库如图 3.2.16 所示。

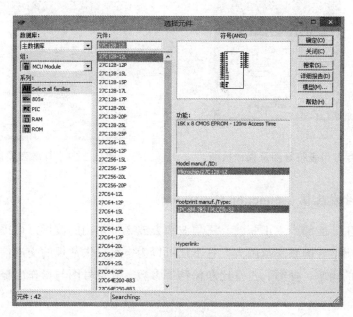

图 3.2.16　微控制器件库

二、Multisim10 仪器仪表库

Multisim10 的虚拟仪器、仪表工具条中共有虚拟仪器、仪表 18 台，电流检测探针 1 个，4 种 LabVIEW 采样仪器和动态测量探针 1 个，仪器仪表库图及功能如图 3.2.17 所示。下面对电路测试中几种常用仪器仪表进行简介。

1. 数字万用表（Multimeter）

数字万用表可用来测量电路两点之间的交流或直流电压、电流、阻抗和衰减。量程可以自动切换，不需要对量程进行设置。内阻和内部电流预置接近理想值，也可以通过设置来进行改变。虚拟数字万用表的外观与实际仪表基本相同，其连接方法与真实万用表也基本类似，都是通过"＋""－"两个端子连接电路的测试点。其符号图与操作面板分别如图 3.2.18（a）（b）所示。

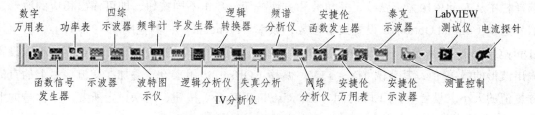

图 3.2.17　仪器仪表库的图标及功能

点击设置（set）按钮，弹出如图 3.2.19 所示万用表设置（Multimeter Settings）对话框根据需要选择相应的设置单击确定（Accept）按钮，设置好即可完成。

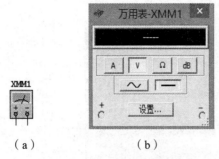

（a）　　　　　　　（b）

图 3.2.18　数字万用表符号图及操作板面

图 3.2.19　万用表设置对话框

2. 函数信号发生器（Function Generator）

函数信号发生器能够产生正弦波、三角波和方波 3 种常用的波形，可提供方便、真实的激励信号源。输出信号的频率范围大，它不仅可以为电路提供常规的交流信号源，并且可以调节输出的信号的频率、振幅、占空比和偏移等参数。其符号图与操作面板分别如图 3.2.20（a）、（b）所示。

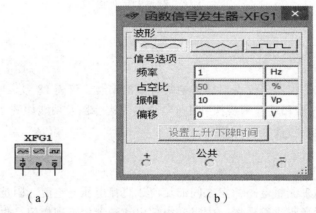

（a）　　　　　　　（b）

图 3.2.20　函数信号发生器符号图及操作面板

函数信号发生器共有 3 个接线端。其中"＋"和"－"输出端分别产生两路相位相反的输出信号；公共（common）端为输出信号的参考电位端，通常用来接地。波形选择，在波形选择栏中从左起依次为正弦波、三角波和方波按钮，单击不同按钮，即可输出相应的波形。信号选项（Signal Options）设置波形参数，频率（Frequency），其范围 1 ~ 999 GHz；占空比（Duty Cycle），用来设置三角波和方波的占空比，其范围 1% ~ 99%；振幅（Amplitude）设置输出波形的峰-峰值，其范围 1fV ~ 1TV；偏移（Offset），用来设置叠加在交流信号上的直流分量值的大小。设置上升/下降时间（Set Rise/Fall Time）按钮，用来设定所要产生信号的上升时间与下降时间，而该按钮只有在产生方波时才能使用。

3. 功率表（Power Meter）

功率表用来测量电路的交流、直流功率，功率的大小是流过电路的电流和电压的乘积，量纲为瓦特。功率表有 4 个接线端：电压"＋"和"－"电流"＋"和"－"。功率表中有两组端子，左边两个端子为电压输入端子，与所要测试的电路并联；右边两个端子为电流输入端子，与所要测试的电路串联。功率表也能测量功率因数。功率因数是电压与电流相位差角的余弦值。如图 3.2.21（a）、（b）所示功率表符号图及操作面板。

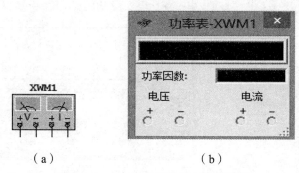

（a）　　　　　　　　　　　（b）

图 3.2.21　功率表符号图及操作面板

如图 3.2.22 所示是功率表在电路中联接，显示的功率因数为 1，因为流过电阻的电流与电压的相位差为零。

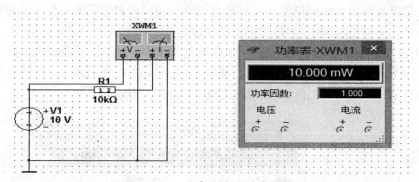

图 3.2.22　功率表在电路中联接

4. 示波器（Oscilloscope）

示波器是实验中常见的一种仪器，它不仅用来显示信号的波形，而且可以用来测量信号的频率、幅度和周期等参数。双击示波器图标，其符号图及操作面板如图 3.2.23（a）、（b）所示。

双通道示波器包括通道 A 和 B 以及外触发端 3 对接线端。虚拟的示波器的连接与实际示波器稍有不同：一是 A、B 两通道可以只用一根线与被测点连接，测量的是该点与地之间的波形；二是示波器的每个通道的"－"端接地时，测量的是该点与地之间的波形；三是可以将示波器的每个通道的"＋"和"－"端接在某两点上，示波器显示的是这两点之间的电压波形。

双通道示波器的面板主要由波形显示区、波形参数测量区、时间轴（Timebase）控制区、通道（Channel A、Channel B）控制区和触发（Trigger）控制区 5 个部分组成。时间轴用来设置 X 轴的时间基准扫描时间；通道 A 区用来设置 A 通道的输入信号在 Y 轴上的显示刻度，通道 B 区用来设置 B 通道的输入信号在 Y 轴上的显示刻度；触发控制区用来设置示波器的触发方式；波形参数测量区是用来显示两个游标所测得的显示波形的数据。

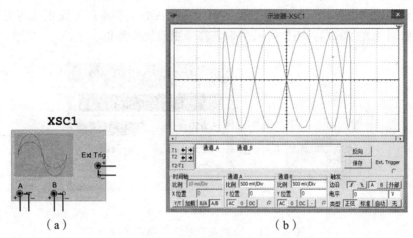

图 3.2.23　示波器符号图及操作面板

5. 频率计（Frequency Counter）

频率计是测量信号频率和周期的主要测量仪器，还可以测量脉冲的信号的特性（如脉冲宽度、上升沿和下降沿时间）。其符号图和操作面板如图 3.2.24（a）、（b）所示。

频率计符号图只有一个接线端，为被测信号的输入端。其操作面板主要由测量（Measurement）结果显示区、测量选项区、耦合（Coupling）方式选择区、灵敏度（Sensitivity RMS）设置区和触发电平（Trigger Level）设置区 5 部分组成。

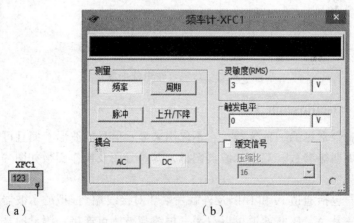

图 3.2.24　频率计符号图及操作面板

6. 字（数字信号）发生器（word Generator）

字发生器是一个可编辑的通用数字激励源，产生并提供 32 位的二进制数。输入到要测试的数字电路中去，与函数发生器功能相似。其符号图与操作面板如图 3.2.25（a）、（b）所示。

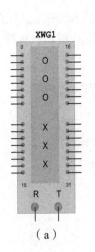
（a）

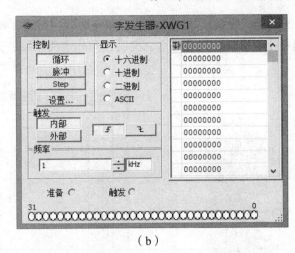
（b）

图 6.2.25　字发生器符号图及操作面板

字发生器符号图左右两边各有 16 个端子，这 32 个端子是该字组产生器所产生的信号输出端，下面还有 R 和 T 两个端子，R 端为数据准备好信号的输出端（Ready），T 端为外部触发信号输入端（Trigger）。

字发生器操作面板右侧是字发生器的 32 路信号编辑窗口，左侧由控制（Controls）区、显示（Display）区、触发区、频率设置区和缓冲（Buffer）区 5 部分组成。控制区用来设定字组输出方式，单击"设置"按钮，弹出如图 3.2.26 所示字产生模式设置对话框，显示区用来设置信号编辑窗口的信号类型的显示方式；触发区设定触发方式，频率设置区设定输出的频率（速度）；缓冲区用来对字序列进行编辑与显示。

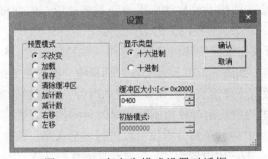

图 3.2.26　字产生模式设置对话框

7. 逻辑分析仪（Logic Analyzer）

逻辑分析仪广泛用于数字电子系统的调试、故障查找、性能分析等，是数字电子系统中对数据进行分析所必备的测量仪器。其符号图与操作面板如图 3.2.27（a）、（b）所示。

逻辑分析仪符号图左边有 16 个测试信号输入端，其下面也有 3 个信号端，"C"端为外接时钟输入端、"Q"为时钟限制输入端、"T"为触发输入端；逻辑分析仪操作面板主要上部分从左至右由 16 个通道信号输入端、显示区；下部功能区从左至右分别是控制区、游标测量显示区、时钟设置区和触发设置区组成。

如图 3.2.27（a）所示，左边的 16 个接线端对应操作面板上 16 个接线柱。当接线符号的接线端口与电路某一点相连时，面板左边的接线柱圆环中间就会显示一个黑点，并同时显示出些边线的编号，此编号是按边线的时间先后顺序排列。如图 3.2.27（b）所示，操作面板 6、1~3 接线柱上，圆环中间有黑点，说明已与外电路相接；其他中间没有黑点，说明与外电路不相接。

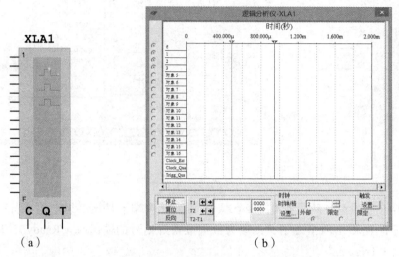

图 3.2.27　逻辑分析仪符号图及操作面板

　　控制区有"停止（Stop）""复位（Reset）""反向（Reverse）" 3 个按钮。停止按钮为停止仿真；复位按钮为逻辑分析仪复位并清除已显示波形，重新仿真；反向按钮改变逻辑分析仪仿真背景色。

　　游标测量显示区，逻辑分析仪显示屏有两根顶部是倒三角形的垂直游标，当仿真停止时，可用鼠标单击该倒三角形并按住不放移动到需要测量的位置，时间框内将自动显示游标所在位置的 T1 与 T2 的时间，以及（T1-T2）的时间差值。

　　时钟设置，逻辑分析仪在采样特殊信号时，需作一些特殊设置。单击时钟设置的设置（Set）按钮弹出时钟控制对话框，如图 3.2.30 所示。在对话框中，波形采集的控制时钟可以选择同时钟或外时钟；上升沿有效或下降沿有效。如果选择内时钟，内时钟频率可以设置。此外对时钟限制（Clock qualifier）的设置决定时钟控制输入对时钟的控制方式。若该位设置为"1"表示时钟控制输入为"1"开放时钟，逻辑分析仪可以进行波形采集；该位设置为"0"表示时钟控制输入为"0"开放时钟；若该位设置为"X"表示时钟总是开放，不受时钟控制输入的限制。

图 3.2.28　时钟设置

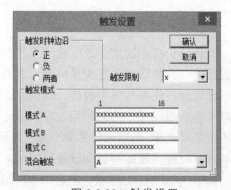

图 3.2.29　触发设置

触发设置区，单击触发区的设置（Set）按钮，弹出如图 3.2.29 所示的触发方式对话框。对话框是选择数据流窗口的数据字，即逻辑分析仪采集数据前必须比较输入与设定触发字是否一致，若一致逻辑分析仪开始采集数据，否则不予采集。设置逻辑分析仪触发方式，选择时钟信号触发边沿（Trigger Clock Edge）条件；对触发的限制（Trigger qualifier）目的是为了过滤不满足测试条件的触发信号所采集的输入信号，对触发模式（Pattern Trigger）3 个触发字进行设定，或逻辑组合设定。

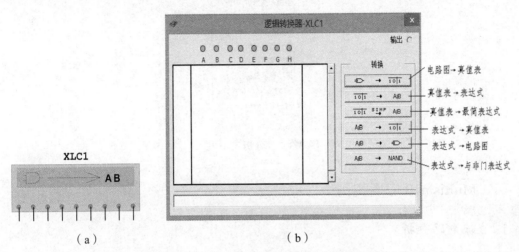

图 3.2.30　逻辑转换器的符号图及操作面板

8. 逻辑转换仪（Logic Converter）

逻辑转换仪是 Multisim 特有的虚拟仪器，没有真实仪器与其对应。它可以将电路、真值表及逻辑表达式相互转换。该仪器最多支持 8 个输入变量单输出的组合逻辑电路的分析。其符号图及操作面板如图 3.2.30（a）、（b）所示。该符号图左侧 8 个端可用来连接逻辑电路的输入端，而右侧的端子用来连接电路的输出端。操作面板主要由左侧真值表区、右侧转换功能区（转换功能如图 3.2.32（b）功能区右侧文字所述）所示、下端逻辑函数区。

第三节　Multisim10 的分析功能及操作方法

一、Multisim10 的分析功能

Multisim10 突出特点就是它的分析功能。点击设计工具栏中的分析（Analyses）按钮或通过系统菜单的仿真-分析（Simulate-Analyses）命令，就可以打开分析功能选择菜单。如图 3.3.1 所示。单击设计工具栏中图标，打开菜单，选择所需的分析方法。

图 3.3.1   分析工具栏

二、Multism10 应用实例

1. 直流电路分析

直流分析是指求解电路在恒定激励源下的响应，其响应与时间无关，且电路中的所有受控源和独立源都是直流型的。

例 1   电路如图 3.3.2，用 Multism10 来验证叠加定理。

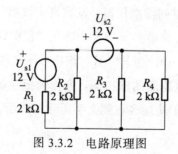

图 3.3.2   电路原理图

解   1. 编辑原理图

① 建立电路元件。单击工具栏中文件的新建按钮（或者使用快捷键 Ctrl + N），打开一个空白的电路文件，系统自动命名为电路 1，在再次保存时可重新命名电路文件。电路图绘图区的窗口颜色、尺寸和显示模式均采用默认设置。

② 放置元件。放置元件的方法一般包括：利用元件工具栏放置元件；通过放置（Place）→元件（Component）菜单项放置元件；在绘图区右击，利用弹出菜单"放置元件"放置元件以及利用快捷键 Ctrl + W 放置元件 4 种途径。第 1 种方法适合已知元件在元件库的哪一类中，其他 3 种方式须打开元件库对话框，然后进行分类查找。

③ 连接线路。在两个元器件之间，首先将鼠标指向一个元器件的端点使其出现一个小圆

点，按下鼠标左键并拖曳出一根导线，拉住导线并指向另一个元器件的端点使其出现小圆点，释放鼠标左键，则导线连接完成。连接完成后，导线将自动选择合适的走向，不会与其他元器件或仪器发生交叉。

仿真电路图编辑完成如图 3.3.3 所示。

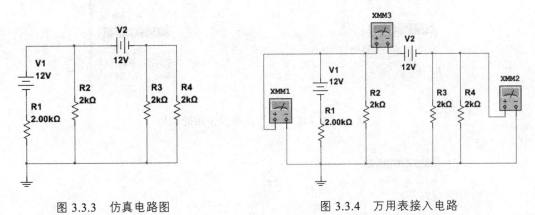

图 3.3.3　仿真电路图　　　　　　　　图 3.3.4　万用表接入电路

2. 设置测试仪表

从仪表栏选中对应的仪表，如最上面的图标为万用表，它可以测量交流、直流电压和电流，如图 3.3.4 所示，在界面上按下 "A" 和 "—" 按钮，该表就可以测量直流电流。如按下 "V" 和 "—" 按钮，该表就可以测量直流电压，设置方法很直观。

3. 电路仿真

单击 "仿真（Simulate）下的 "Run"，或者 "▶" 按钮，系统自动显示出运行结果，双击各个万用表，就会显示万用表的设置界面和仿真结果，如图 3.3.5 所示。

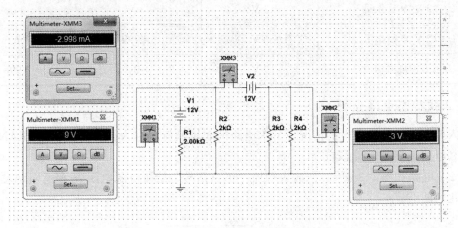

图 3.3.5　电源共同作用电路仿真结果

按照上述步骤，分别分析 U_{s1} 12 V 和 U_{s2} 12 V 电压源分别作用，仿真结果如图 3.3.6、3.3.7 所示。将仿真数据填入实验表 3.3.1 中，通过支路电压、支路电流仿真数据的比较，完全可以验证叠加定理的正确性。（注意电压、电流的方向）。

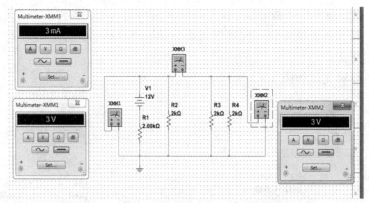

图 3.3.6　U_{s1} 12 V 电压源单独作用的结果

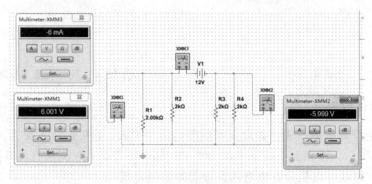

图 3.3.7　U_{s2} 12 V 电压源单独作用的结果

实验表 3.3.1

	V1、R1 支路电压	V1、R1 支路电压	V2 支路电流
U_{s1} 12 V 单独作用	3 V	3 V	3 mA
U_{s2} 12 V 单独作用	6 V	-5.999 V	-6 mA
U_{s1}、U_{s2} 共同作用	9 V	-3 V	-2.998 mA

2. 正弦稳态电路分析

输入电源为正弦交流电的情况下，求电路的时域响应，称为瞬态分析又称 TRAN 分析，可以仿真电路输出端的瞬态响应。

例 2　电路如图 3.3.8所示，输入端加一正弦信号，绘制电源电压 u_s 和电阻两端电压 u_R 时间变化的曲线。

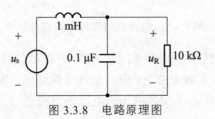

图 3.3.8　电路原理图

解 ① 画电路图，如图 3.3.9。

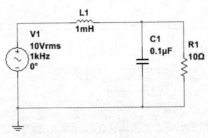

图 3.3.9 仿真电路图

② 电源正弦源符号 V1，为其设置主要参数，voltage offset（直流偏置电压，单位符号 V）、RMS（有效值，单位符号 V）、F（频率，Hz）。因此在本例中，假设 VOFF = 0，RAM = 10 V，F = 1 kHz。

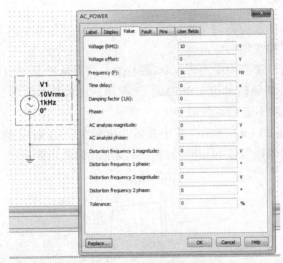

图 3.3.10 电源参数设置

③ 仿真分析。将测试仪器示波器接入，仿真电路如图 3.3.11 所示。单击"▶"按钮，双击示波器，再按"■"按钮就会停止运算显示仿真波形，如图 3.3.12 所示。

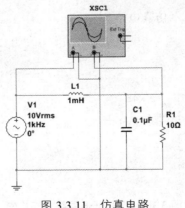

图 3.3.11 仿真电路

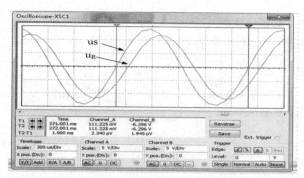

图 3.3.12　仿真波形

④ 查看分析结果。

从波形上可以反映出电源 u_s 的波形在前，负载 u_R 波形在后，反映出它们的相位关系。

3. 幅频特性、相频特性分析

幅频特性、相频特性分析称为交流分析或 AC 分析。当输入信号的频率变化时，它能够计算出电路的幅频响应和相频响应。

作交流分析时，信号源应用交流源 VAC 或 IAC，或用脉冲源（PLUSE）、指数源（EXP）、分段现性源（PWL）、调频信号源（SFFM），在用后四种信号源时，必须在设置参数时为其交流 AC 项赋值。注意不能用正弦源。

例3　电路如图 3.3.13（a）所示，其中参数为电阻 $R = 5.1$ kΩ，电容 $C = 0.033$ μF，频率 1 Hz 到 1 GHz，测试它幅频特性和相频特性，并测定它的截止频率 f_c。

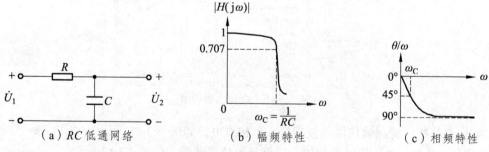

（a）RC 低通网络　　　（b）幅频特性　　　（c）相频特性

图 3.3.13　RC 低通网络及其频率特性

解　① 建立如图 3.3.14 所示仿真电路。

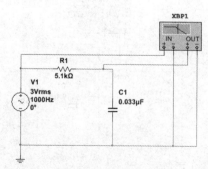

图 3.3.14　RC 低通网络仿真电路

② 接测试仪器波特图示仪。将输入信号与波特图示仪的 IN 通道相连，输出信号与波特图示仪的 OUT 通道相连，仿真幅频特性如图 3.3.15 所示，相频特性如图 3.3.16 所示。

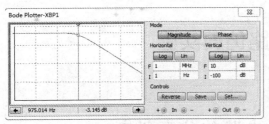 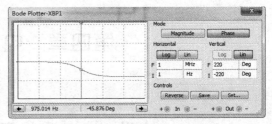

图 3.3.15　幅频特性仿真　　　　　　　　　　图 3.3.16　相频特性仿真结果

在波特图示仪上双击打开其显示和设置面板，左边就是频率响应曲线显示窗口和示波器类似，右边是设置；其中模式是用来选择观察幅频响应还是相频响应；水平是设置频率的，如果选择线性那么频率的变化是均匀的，如果选择对数，那么频率的变化是对数的，对数方式可以在更宽的频率范围内观察频率响应；I 所要观察频率范围的起始值，后面是单位 μHz，mHz，KHz，MHz，GHz，THz；F 是所要观察频率范围的终止值。垂直是设置幅度或者相位的，所以因根据信号频率范围和幅值大小确定才能看得到图像。

③ 查看分析结果。

启动标尺，通过移动标尺在幅频特性上寻找 Y 轴为 –3 dB 时所对应的 X 轴的参数，即截止频率 f_c。如图 3.3.17 所示。

观察标尺得到 –3.26 dB 时频率为 1 Hz，–2.942 dB 时频率为 796.341 Hz，计算得到截止频率 f_c 为 942 Hz。

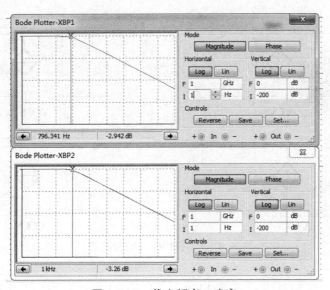

图 3.3.17　截止频率 f_c 确定

从图 3.3.16 所示中反映出 RC 电路移相范围为 0° ~ –90°。

第四章　电路仿真实验

实验 4.1　受控源电路的仿真研究

一、实验目的

加深对受控源电路的理解和分析，并通过 multisim 10 软件进行仿真实验。

二、原理说明

在电路中，有四种形式的受控源，即电压控制电压源 VCVS 和电流控制的电压源 CCVS、电压控制电流源 VCCS 和电流控制的电流源 CCCS。如图 4.1.1 所示。

在 multisim 中，其仿真模型分别如图 4.1.2 所示。在参数设置时特别注意受控源的控制系数。

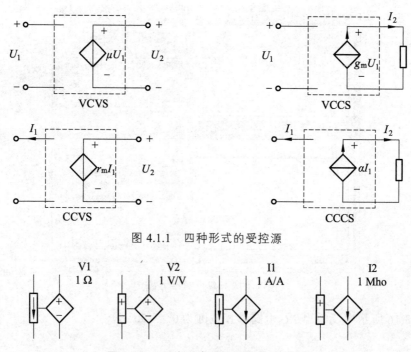

图 4.1.1　四种形式的受控源

图 4.1.2　四种形式受控源的仿真模型

三、实验元器件

电阻；直流电压源；电压控制的电压源；万用表；电流探针。

四、实验内容

测量受控源 VCVS 的转移特性 $U_2 = f(U_1)$ 及负载特性 $U_2 = f(I_L)$。

实验线路如图 4.1.3 所示。

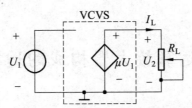

图 4.1.3　VCVS 的转移特性及负载特性的测量

① 固定 $R_L = 1\ \text{k}\Omega$，调节电源输出电压 U_1，使其在 $4 \sim 24\ \text{V}$ 范围内取值，如图 4.1.4 所示。测量 U_1 及相应 U_2 的值，将测试数据记录于实验表 4.1.1 中。

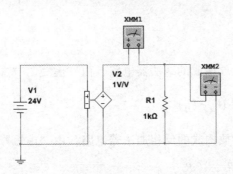

图 4.1.4　受控源 VCVS 仿真电路图

实验表 4.1.1

仿真值	U_1/V	4	8	16	20	24
	U_2/V					

② 保持 $U_1 = 24\ \text{V}$，令 R_L 阻值从 $1 \sim 5\ \text{k}\Omega$，测量 U_2 及 I_L，将测试数据记录于实验表 3.3.2 中。

实验表 4.1.2

R_L（Ω）	1k	2k	3k	4k	5k
U_2（V）					
I_L（mA）					

五、预习要求

复习受控源的种类、分析方法。阅读有关受控源的仿真模型和分析类型、参数设置等内容。

六、实验报告

① 保存并打印出各个实验内容的实验电路、实验数据。分析、比较理论计算结果和仿真结果。

② 总结用 multisim 仿真的方法及步骤。

实验 4.2　运算放大器构成的运算电路仿真

一、实验目的

学习用运算放大器构成比例运算、加法运算、减法运算电路，并通过 multisim 软件进行仿真实验。

二、原理说明

（1）图 4.2.1 所示为运放构成的减法器电路，由"虚短""虚断"可得：

$$V_o = -\frac{R_f}{R_1}(V_{i1} - V_{i2})$$

（2）图 4.2.2 所示为运放构成的反相加法器电路，由"虚短""虚断"可得：

$$V_o = -\left(\frac{R_f}{R_1}V_{i1} + \frac{R_f}{R_2}V_{i2}\right)$$

（3）图 4.2.3 所示为运放构成的反相比例运算电路，由"虚短""虚断"可得：

$$V_o = -\frac{R_f}{R_1}V_i$$

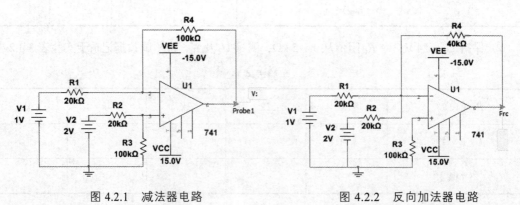

图 4.2.1　减法器电路　　　　　图 4.2.2　反向加法器电路

三、实验元器件

运算放大器 μA 741；电阻；直流电压源。

四、实验内容

1. 减法器电路的仿真实验

① 绘制仿真电路图，如图 4.2.1 所示。

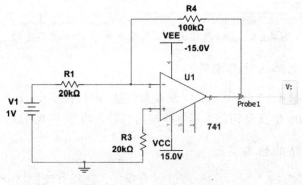

图 4.2.3　反向比例电路

② 选择直流扫描分析（DC SWEEP），将 V_2 设置为变量（V_1 保持不变）。设置变量 V_2 变化范围：-3 ~ + 3 V，步长 1 V，如图 4.2.4（a）所示。输出为所设置电压探针，如图 4.2.4（b）所示。

③ 运行仿真软件，在 Grapher View 中显示出运算放大器输出端的输出波形，如图 4.2.5 所示。

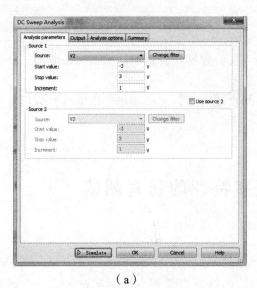

（a）

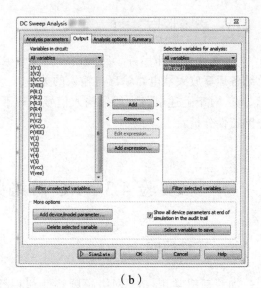

（b）

图 4.2.4　减法器电路直流扫描分析设置

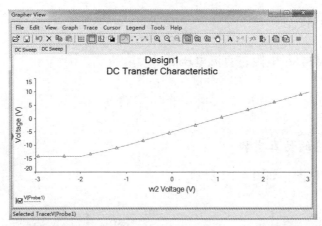

图 4.2.5　减法器输出电压与输入电压 V_2 的关系曲线

2. 反相加法器电路的仿真实验

绘制电路图，如图 4.2.2 所示，将 V_2 设置为变量（V_1 保持不变），选择直流扫描分析（DC SWEEP），用 multisim 仿真反相加法器电路输出与输入电压 V_2 的关系曲线。

3. 反相比例电路的仿真实验

绘制电路图，如图 4.2.3 所示，将 V_1 设置为变量，选择直流扫描分析（DC SWEEP），用 multisim 仿真反相比例电路输出电压与输入电压 V_1 的关系曲线。其中 V_1 变化范围：$-4 \sim +4\,V$，步长 $1\,V$。

五、预习要求

复习用运算放大器组成基本运算电路的方法。阅读有关分析类型和参数设置的内容。

六、实验报告

① 保存并打印出各个实验内容的实验电路、实验数据、波形图。根据输出波形，分析总结各运算放大器电路输出与输入的关系。

② 对于上述电路，如果输入信号加一不变的直流电压，怎样测出输出电压？应用哪种电路特性分析？

实验 4.3　RC 网络频率特性的仿真测试

一、实验目的

加深理解常用 RC 网络幅频特性和相频特性的特点，掌握它们的测试方法，并通过 multisim 软件进行仿真实验。

二、实验原理

1. RC 低通网络

电路如图 4.3.1 所示。通常把 U_2/U_1 降低到 0.707 或者-3（dB）时的角频率 ω 称为截止角频率 ω_c，即 $\omega = \omega_c = \dfrac{1}{RC}$。

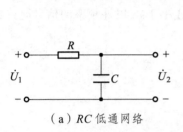
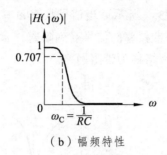
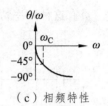

（a）RC 低通网络　　　　　（b）幅频特性　　　　　（c）相频特性

图 4.3.1　RC 低通网络及其频率特性

2. RC 高通网络

电路如图 4.3.2 所示。网络的截止频率仍为 $\omega_c = \dfrac{1}{RC}$，因为 $\omega = \omega_c$ 时，$|H(j\omega)| = 0.707$。

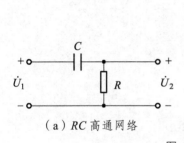
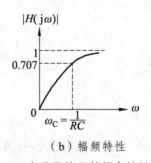
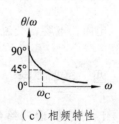

（a）RC 高通网络　　　　　（b）幅频特性　　　　　（c）相频特性

图 4.3.2　RC 高通网络及其频率特性

3. RC 带通网络

RC 选频网络如图 4.3.3 所示。

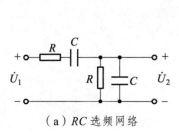
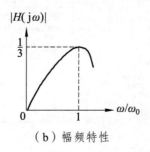
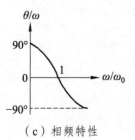

（a）RC 选频网络　　　　　（b）幅频特性　　　　　（c）相频特性

图 4.3.3　RC 选频网络及其频率特性

当信号频率 $\omega = 1/RC$ 时，对应的模 $|H(\mathrm{j}\omega)| = \dfrac{1}{3}$ 为最大，信号频率偏离 $\omega = 1/RC$ 越远，信号被衰减和阻塞越厉害。说明该 RC 网络允许以 $\omega = \omega_0 = 1/RC (\neq 0)$ 为中心的一定频率范围（频带）内的信号通过，而衰减或抑制其他频率的信号，即对某一窄带频率的信号具有选频通过的作用，因此，将它称为带通网络，或选频网络。而将 ω_0 称为中心频率。

4．RC 带阻网络

RC 带阻电路如图 4.3.4 所示。当信号频率 $\omega = 1/RC$ 时，对应的模 $|H(\mathrm{j}\omega)| = 0$，即以 $\omega_0 = 1/RC$ 为中心的某一窄带频率的信号受到阻塞，ω 大于或小于 ω_0 以外频率的信号允许通过。具有这种频率特性的网络称为带阻网络。

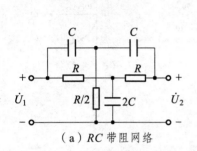 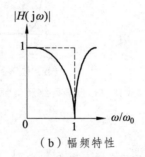 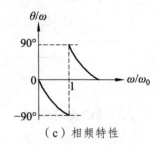

（a）RC 带阻网络　　　　（b）幅频特性　　　　（c）相频特性

图 4.3.4　RC 带阻网络及其频率特性

三、实验元器件

电阻；电容；交流电压源。

四、实验内容

1．RC 低通网络的幅频特性与相频特性的仿真实验

① 绘制电路图，如图 4.3.5 所示，电路中参数为 $R = 1\,\mathrm{k\Omega}$，$C = 0.1\,\mathrm{\mu F}$，输入电压 $U_1 = 1\,\mathrm{V}$。

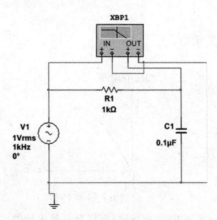

图 4.3.5　RC 低通仿真电路

② 选择交流扫描分析（AC SWEEP），频率从 10 Hz 到 1 000 kHz 变化。

③ 仿真显示幅频特性、相频特性，如图 4.3.6 所示。

④ 截止频率 f_c 的测定 $f_c = \dfrac{1}{2\pi RC}$。

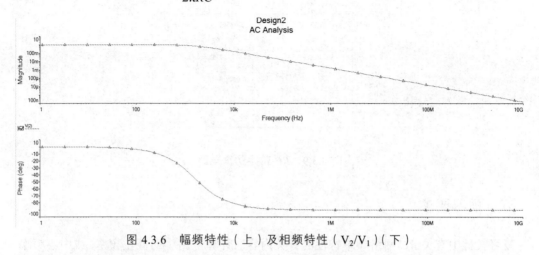

图 4.3.6　幅频特性（上）及相频特性（V_2/V_1）（下）

2. RC 高通网络的幅频特性与相频特性的仿真实验

仿真电路如图 4.3.7 所示，电路中参数为 $R = 1\,\text{k}\Omega$，$C = 0.1\,\mu\text{F}$，输入电压 $U_1 = 1\,\text{V}$。仿真显示 RC 高通网络的幅频特性与相频特性并测定截止频率。

3. RC 带通网络（RC 选频网络）的幅频特性与相频特性的仿真实验

绘制电路图，如图 4.3.8 所示。选择交流扫描分析（AC SWEEP），频率从 10 Hz 到 100 kHz 变化，仿真显示幅频特性和相频特性，并测定中心频率 ω_0。

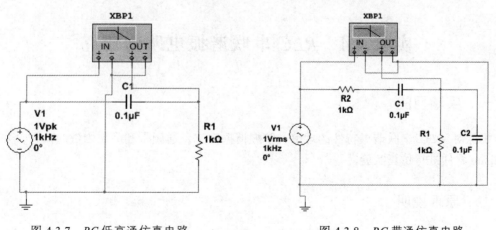

图 4.3.7　RC 低高通仿真电路　　　　　图 4.3.8　RC 带通仿真电路

4. RC 带阻网络的幅频特性与相频特性的仿真实验

绘制电路图，如图 4.3.9 所示。选择交流扫描分析（AC SWEEP），频率从 10 Hz 到 1 000 kHz 变化，仿真显示幅频特性和相频特性，并测定中心频率 ω_0。

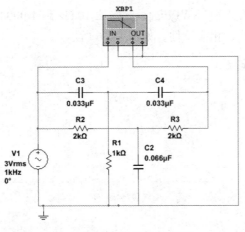

图 4.3.9　RC 带阻仿真电路

五、预习要求

复习教材中有关 RC 网络频率特性的有关内容。计算电路中的截止频率（或中心频率）。阅读有关交流分析和参数设置的内容。

六、实验报告

① 保存并打印出各个实验内容的实验电路、实验数据、波形图。根据输出波形，分析总结 RC 低通、高通、带通、带阻网络的特点。

② 将仿真结果与理论值进行比较，分析误差产生的原因。

实验 4.4　*RLC* 串联谐振电路的研究

一、实验目的

加深对 RLC 串联谐振特性的理解，掌握谐振频率、通频带和品质因数的概念，并通过 multisim 软件进行仿真实验。

二、原理说明

谐振是在特定条件下出现在电路的一种现象。

1. 串联谐振的条件

RLC 串联电路如图 4.4.1 所示，当 ω 变化到某一特定频率 ω_0 时，使得 $\dot{U}_i$ 和 $\dot{I}$ 同相位，称这种状态为谐振。此时

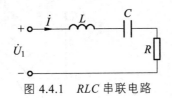

图 4.4.1 RLC 串联电路

$$\omega L - \frac{1}{\omega C} = 0 \quad \text{或} \quad \omega L = \frac{1}{\omega C}$$

有
$$\omega_0 = \frac{1}{\sqrt{LC}} \quad \text{或} \quad f_0 = \frac{1}{2\pi\sqrt{LC}}$$

可见，谐振频率 ω_0（或 f_0）只与电路参数有关。

谐振时电路阻抗的模 $|Z| = R$ 为最小值，电路相当于一个纯电阻，响应电流 $\dot{I}$ 与信号源电压 $\dot{U}_i$ 同相位，在信号源电压不变的条件下，电路电流

$$I(\omega_0) = \frac{U_i}{R} = I_0$$

为最大值。根据这个特点可以判断电路是否发生谐振和测定谐振频率。

2. 品质因数 Q

根据图 4.4.1 所示电路，质因数 Q 为

$$Q = \frac{U_L}{U_i} = \frac{U_C}{U_i} = \frac{\omega_0 L}{R} = \frac{1}{\omega_0 RC} = \frac{1}{R}\sqrt{\frac{L}{C}}$$

式中，U_L、U_C、U_i 分别是电感、电容、电源电压有效值。当 $Q \gg 1$ 时，$U_L = U_C \gg U_i$。

当电路的 L、C 保持不变时，Q 值由电路的电阻 R 的大小决定。改变 R 的大小，得出不同的 Q 值。

3. RLC 串联电路的频率特性

RLC 串联电路中，响应电流与信号源角频率的关系，即电流的幅频特性，其表达式为

$$I(\omega) = \frac{U_i}{\sqrt{R^2 + \left(\omega L - \dfrac{1}{\omega C}\right)^2}} = \frac{U_i}{R\sqrt{1 + Q^2\left(\dfrac{\omega}{\omega_0} - \dfrac{\omega_0}{\omega}\right)^2}}$$

根据上式，用不同角频率 ω 所对应的电流绘制的曲线，称为电流的幅频特性曲线，又称串联谐振曲线。在 U_i 和 L、C 保持不变时，不同的电阻 R 将对应不同的 Q 值，不同 Q 值的幅频特性如图 4.4.2 所示。

为了研究和比较不同的参数电路的谐振特性，实用中常采用通用电流幅频特性，又称通用谐振曲线。通用谐振曲线是以 $\dfrac{\omega}{\omega_0}$ 为横坐标，$\dfrac{I}{I_0}$ 为纵坐标绘制。图 4.4.3 所示为通用谐振曲线。图中，I_0 为谐振时电流值，$\eta = \omega / \omega_0$。

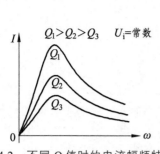

图 4.4.2　不同 Q 值时的电流幅频特性

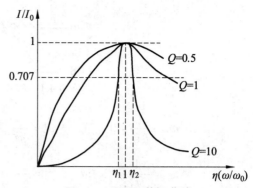

图 4.4.3　通用谐振曲线

$$\frac{I(\omega/\omega_0)}{I_0}=\frac{1}{\sqrt{1+Q^2\left(\dfrac{\omega}{\omega_0}-\dfrac{\omega_0}{\omega}\right)0^2}}=\frac{1}{\sqrt{1+Q^2\left(\eta-\dfrac{1}{\eta}\right)^2}}$$

这样便于研究电流比 I/I_0 与 ω/ω_0 角频率之间的关系。

在不同的 Q 值的谐振曲线上，通过纵坐标 $\dfrac{I}{I_0}=\dfrac{1}{\sqrt{2}}=0.707$ 处作平行于横轴 $\eta(\omega/\omega_0)$ 的直线，与各谐振曲线交于两点 η_1 与 η_2，可以证明，电路的品质因数为

$$Q=\frac{1}{\eta_2-\eta_1}=\frac{f_0}{f_2-f_1}$$

式中 f_0 为谐振频率，f_2 和 f_1 是失谐时，幅度下降到最大值的 $\dfrac{1}{\sqrt{2}}$ 倍时的上、下频率点。

Q 值越大，曲线越尖锐，通频带越窄，电路的选择性越好，在恒压源供电时，电路的品质因数、选择性与通频带只决定于电路本身的参数，而与信号源无关。

三、实验元器件

电阻；电容；电感；电源。

四、实验内容

1. 谐振曲线的仿真实验

电路如图 4.4.4 所示，参数为 $R=10\,\Omega$，$L=0.01\mathrm{H}$，$C=1\,\mu\mathrm{F}$，信号源输出电压为 1 V。

① 接入示波器观察电源电压和电阻电压的波形。在谐振点两侧，依次各取 6 个测量点（在靠近谐振频率附近多取几点），用示波器观察串联谐振电路外加电压与电阻电压的波形，用万用表测出对应频率 U_R 的有效值。

② 用波特图仪观测谐振曲线即幅频特性和相频特性，并测量对应的谐振频率 f_0。

2. 保持 L、C 和信号源参数值不变，改变电阻值，取 $R=100\,\Omega$（即改变电路的 Q 值），重复上述的过程。

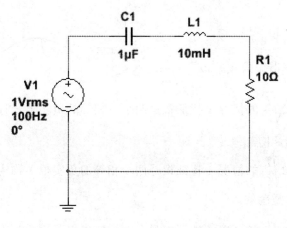

图 4.4.4 *RLC* 串联仿真电路

五、预习要求

复习教材中有关串联谐振的概念。计算电路中的谐振频率及品质因数 Q。阅读有关交流分析和参数设置的内容。

六、实验报告

① 保存并打印出各个实验内容的实验电路、实验数据、波形图。根据波形,分析总结不同品质因数 Q 下的通用谐振曲线的特点。

② 将仿真结果与理论值进行比较,分析误差产生的原因。

实验 4.5   二阶网络的响应测试

一、实验目的

通过 multisim 软件对二阶网络进行仿真实验如图 4.5.1 所示,观察其在过阻尼、临界阻尼和欠阻尼三种情况下的响应波形,观察对应于三种情况下的状态轨迹。

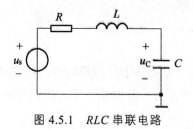

图 4.5.1 *RLC* 串联电路

二、实验原理

衰减系数 $\alpha = \dfrac{R}{2L}$，谐振角频率 $\omega_0 = \dfrac{1}{\sqrt{LC}}$。

当 $\alpha > \omega_0$，即 $R > 2\sqrt{\dfrac{L}{C}}$ 的情况（特征根是两个不相等的负实根）称为过阻尼情况，这时电路的暂态过程为非震荡的。

当 $\alpha = \omega_0$，即 $R = 2\sqrt{\dfrac{L}{C}}$ 的情况（特征根是两个相等的负实根）称为临界阻尼情况，这时电路的暂态过程仍为非震荡的。

当 $\alpha < \omega_0$，即 $R < 2\sqrt{\dfrac{L}{C}}$ 的情况（特征根是一对共轭复根）称为欠阻尼情况，这时电路的暂态过程是震荡的。

对于欠阻尼情况，可以根据响应波形测出衰减系数 α 和振荡角频率 ω_d。其响应波形如图 4.5.2 所示。其中，$\omega_d = \sqrt{\omega_0^2 - \alpha^2}$。

振荡周期 $\qquad\qquad T_d = t_2 - t_1$

则 $\qquad\qquad\qquad \omega_d = 2\pi f_d = \dfrac{2\pi}{T_d}$

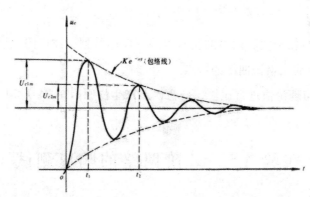

图 4.5.2 欠阻尼情况下的阶跃响应波形

衰减系数 α 可由衰减震荡的振幅包络线可知：

$$U_{C1m} = ke^{-\alpha t_1}$$

$$U_{C2m} = ke^{-\alpha t_2}$$

所以衰减系数 $\qquad \alpha = \dfrac{1}{T_d}\ln\dfrac{U_{C1m}}{U_{C2m}}$

因此从示波器上只要测出 t_1、t_2、U_{C1m}、U_{C2m} 就可以计算出 α 和 ω_d。

为了便于观测阶跃响应波形，与一阶电路一样，我们可用方波信号来代替阶跃信号，只要方波信号的周期 T 大于或等于 8 倍的 $1/\alpha$ 即可，即

$$T \geqslant 8\frac{1}{\alpha} = \frac{16L}{R}$$

在电路理论中，RLC 二阶电路变量 $u_C(t)$、$i_L(t)$ 称为电路的状态变量。若把状态变量 $u_C(t)$、$i_L(t)$ 看作是平面上的坐标点，这种平面就称为状态平面。由状态变量在状态平面上所确定的点的集合，就称状态轨迹。

三、实验元器件

电阻、电容、电感、脉冲电压源。

四、实验内容

二阶电路的零状态响应仿真电路图如图 4.5.3 所示，电路中参数为 $R = 10\,\Omega$，$L = 10\,\mu\text{H}$，$C = 1\,\text{nF}$，电容和电感均为零状态。

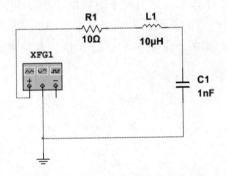

图 4.5.3　二阶电路的零状态响应仿真电路图

函数信号发生器提供方波信号，如图 4.5.4 所示，图（a）方波参数设置，图（b）为其产生的方波波形。

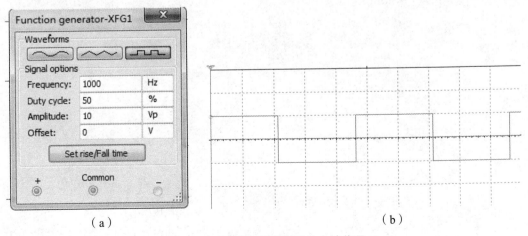

（a）　　　　　　　　　　　　　　　（b）

图 4.5.4　函数信号发生器的方波信号

① $R = 10\Omega$，观察电容电压的波形，并通过仿真波形测出 α 和 ω_d 的值。

② 改变 R 值，观察并比较由欠阻尼过渡到临界阻尼，最后过渡到过阻尼变化的过渡过程，分别定性地记录响应的典型变化波形。注意在改变 R 值时，振荡角频率及衰减系数对波形产生的影响。

五、预习要求

复习教材中有关 RLC 二阶电路的响应与状态轨迹的有关内容。计算电路中的衰减系数和振荡角频率。阅读有关瞬态分析和参数设置的内容。

六、实验报告

① 保存并打印出各个实验内容的实验电路、实验数据、波形图。根据波形，分析总结过阻尼、临界阻尼和欠阻尼三种情况下响应波形的特点。

② 根据电路元件参数，计算欠阻尼情况下方波响应中 α 和 ω_d 的数值，并与仿真所获得的 α 和 ω_d 相比较，分析误差产生的原因。

③ 为什么方波的周期 T 要大于或等于 $1/\alpha$ 的 8 倍？若频率选得过高或过低，将会出现什么现象？

第五章　电路实验

实验 5.1　元件伏安特性的测试

一、实验目的

① 学习几种常用元件伏安特性的测试方法；
② 掌握线性电阻、非线性电阻元件的逐点测试法；
③ 掌握实验装置上直流电工仪表和设备的使用方法。

二、实验原理

任何一个二端元件的特性可用该元件上的端电压 u 与通过该元件的电流 i 之间的函数关系 $i = f(u)$ 来表示，即用 i-u 平面上的一条曲线来表征，这条曲线称为该元件的伏安特性曲线。

线性电阻器的伏安特性曲线是一条通过坐标原点的直线，如图 5.1.1 中 a 曲线所示，该直线斜率的倒数等于该电阻器的电阻值。

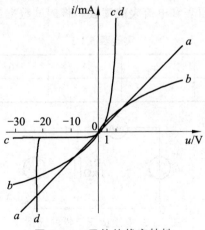

图 5.1.1　元件的伏安特性

一般的白炽灯在工作时灯丝处于高温状态，其灯丝电阻随着温度的升高而增大，通过白炽灯的电流越大，其温度越高，阻值也越大，一般灯泡的"冷电阻"与"热电阻"的阻值可相差几倍至十几倍，所以它的伏安特性如图 5.1.1 中 b 曲线所示。

一般的半导体二极管是一个非线性元件,其特性如图 5.1.1 中 c 曲线所示。它的正向压降很小(一般的锗管为 0.2 ~ 0.3 V,硅管为 0.5 ~ 0.7 V),正向电流随正向压降的升高而急骤上升,而反向电压从零一直增加到十几甚至几十伏时,其反向电流增加很小,可视为零。可见,二极管具有单向导电性,但反向电压加得过高,超过管子的极限值,则会导致管子击穿损坏。

稳压二极管是一种特殊的半导体二极管,其正向特性与普通二极管类似,但其反向特性较特别,如图 5.1.1 中 d 曲线所示。在反向电压开始增加时,其反向电流几乎为零,但当电压增加到某一数值时(称为管子的稳压值,有各种不同稳压值的稳压管)电流将突然增加,以后它的端电压将维持恒定,不再随外加的反向电压升高而增大。

三、实验设备

可调直流稳压电源	1 台;
直流数字毫安表	1 块;
直流数字电压表	1 块;
线性电阻器	2 个;
二极管	1 个;
稳压管	1 个;
白炽灯	1 个。

四、实验内容

1. 测定线性电阻器的伏安特性

按图 5.1.2 接线,调节稳压电源的输出电压 U_s,使电阻电压 U 从 0 伏开始缓慢地增加,一直到 10 V,记下相应的电压表和电流表的读数。将测试数据记录于实验表 5.1.1 中。

实验表 5.1.1

U/V	0	2	4	6	8	10
I/mA						

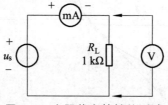

图 5.1.2 电阻伏安特性的测试

2. 测定非线性白炽灯泡的伏安特性

将图 5.1.2 中的 R_L 换成一只 12 V 的灯泡,重复 1 的步骤。将测试数据记录于实验表 5.1.2 中。

实验表 5.1.2

U/V	0	2	4	6	8	10
I/mA						

3. 测定半导体二极管的伏安特性

按图 5.1.3（a）接线，R_0 为限流电阻器，测二极管 IN4007 的正向特性时，其正向电流不得超过 25 mA，二极管 D 的正向压降可在 0 ~ 0.75 V 之间取值。特别是在 0.5 ~ 0.75 V 之间更应多取几个测量点。作反向特性实验时，按图 5.1.3（b）接线，且其反向电压可加到 30 V。将测试数据记录于实验表 5.1.3 中和实验表 5.1.4 中。

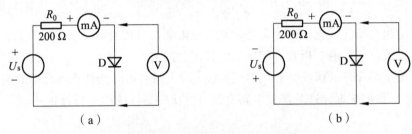

（a）　　　　　　　　　　（b）

图 5.1.3　二极管伏安特性的测试

实验表 5.1.3

U/V	0	0.2	0.4	0.5	0.55	0.6	0.65	0.7	0.75
I/mA									

实验表 5.1.4

U/V	0	− 5	− 10	− 15	− 20	− 25	− 30
I/mA							

4. 测定稳压二极管的伏安特性

将图 5.1.3 中的二极管换成稳压二极管 2CW51，重复实验内容 3 的测量，将测试数据记录于实验表 5.1.5 和实验表 5.1.6 中。

实验表 5.1.5

$U（V）$	0	0.2	0.4	0.5	0.55	0.6	0.65	0.7	0.75
$I（mA）$									

实验表 5.1.6

$U（V）$	0	− 1	− 2	− 3	− 6	− 8	− 10	− 14	− 16	− 20
$I（mA）$										

五、实验注意事项

① 测二极管正向特性时，稳压电源输出应由小至大逐渐增加，应时刻注意电流表读数不得超过 25 mA，稳压源输出端切勿短路。

② 进行不同实验时，应先估算电压和电流值，合理选择仪表的量程，勿使仪表超量程，仪表的极性亦不可接错。

③ 仪表的读数和实验数据的运算要注意按有效数字的有关规则进行。

④ 绘制特性曲线时，注意坐标比例的合理选取。

六、思考题

① 线性电阻与非线性电阻的概念是什么？电阻器与二极管的伏安特性有何区别？

② 稳压二极管与普通二极管有何区别？其用途如何？

③ 为了使被测元件的伏安特性测得更准确，对不同的被测元件选择合适的测试电路，若仪表内阻已知，如何根据你选的测试电路对测得的伏安特性曲线进行校正？

七、实验报告

① 根据各实验结果数据，分别在方格纸上绘制出光滑的伏安特性曲线。（其中二极管和稳压管的正、反向特性均要求画在同一张图中，正、反向电压可取为不同的比例尺）。

② 根据实验结果，总结、归纳各被测元件的特性。

③ 必要的误差分析及总结。

实验 5.2　电位、电压的测定及电路电位图的绘制

一、实验目的

① 用实验证明电路中电位的相对性、电压的绝对性；

② 掌握电路电位图的绘制方法。

二、实验原理

电路中为了分析的方便，常在电路中选某一点为参考点，把任一点到参考点的电压称为该点的电位。参考点的电位一般选为零，所以，参考点也称为零电位点。电位用 φ 表示，单位与电压相同，也是 V（伏）。

在一个确定的电路中，各点电位的高低视所选的电位参考点的不同而不同，但任意两点

间的电位差（即电压）则是绝对的，它不因参考点电位的改变而改变。据此性质，我们可用一只电压表来测量出电路中各点的电位及任意两点间的电压。

如图 5.2.1 所示，设 C 点为电位参考点，$\varphi_C = 0$，$\varphi_A = U_{AC}$，$\varphi_B = U_{BC}$，$\varphi_D = U_{DC}$。电路中任意两点间的电压等于该两点间的电位之差，即：$U_{AB} = \varphi_A - \varphi_B$，$U_{AD} = \varphi_A - \varphi_D$，等等。

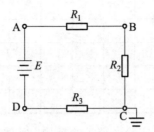

图 5.2.1 电位与电压的关系

若以电路中的电位值作纵坐标，电路中各点位置作横坐标，将测量到的各点电位在该坐标平面中标出，并把标出点按顺序用直线相连接，就可得到电路的电位变化图。每一段直线段即表示该两点间电位的变化情况。

在电路中，参考电位点可任意选定，对于不同的参考点，所绘出的电位图形是不同的，但其各点电位变化的规律却是一样的。在作电位图或实验测量时必须正确区分电位和电压的高低，按照惯例，是以电流方向上的电压降为正，所以，在用电压表测量时，若仪表指针正向偏转，则说明电表正极的电位高于负极的电位。

三、实验设备

可调直流稳压电源	2 台;
直流数字毫安表	1 块;
直流数字电压表	1 块;
电压、电位测定实验电路板	1 块。

四、实验内容

① 实验线路如图 5.2.2 所示。分别将两路直流稳压电源接入电路，以图 5.2.2 中的 A 点作为电位的参考点，分别测量 B、C、D、E、F 的电位值 φ 及相邻两点之间的电压值 U_{AB}、U_{BC}、U_{CD}、U_{DE}、U_{EF} 及 U_{FA}，将测得数据列于实验表 5.2.1 中。

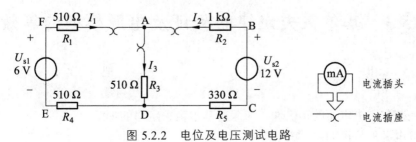

图 5.2.2 电位及电压测试电路

实验表 5.2.1

电位参考点	数据 电位与电压/V	φ_A	φ_B	φ_C	φ_D	φ_E	φ_F	U_{AB}	U_{BC}	U_{CD}	U_{DE}	U_{EF}	U_{FA}
	计算值												
A	测量值												
	相对误差												
	计算值												
D	测量值												
	相对误差												

② 以 D 点作为参考点，重复实验内容①的步骤，将测得数据列于实验表 5.2.1 中。

五、实验注意事项

① 实验线路板系多个实验通用，本次实验中不使用电流插头和插座。

② 测量电位时，用数字直流电压表测量时，用负表棒（黑色）接参考电位点，用正表棒（红色）接被测各点，若指针正向偏转或显示正值，则表示该点电位为正（即高于参考点电位）；若指针反向偏转或显示负值，此时应调换电压表的表棒，然后读出数值，此时在电位值之前应加一负号（表示该点电位低于参考点电位）。

六、思考题

① 若以 F 点为参考电位点，实验测得各点的电位值如何？

② 令 E 点作为参考电位点，试问此时各点的电位值应有何变化？

七、实验报告

① 根据实验数据，绘制两个电位图形。

② 完成数据表格中的计算，对误差作必要的分析。

③ 总结电位相对性和电压绝对性的原理。

④ 实验总结。

实验 5.3　基尔霍夫定律的验证及电源模型的等效变换

一、实验目的

① 验证基尔霍夫定律的正确性，加深对基尔霍夫定律的理解。

② 掌握电源外特性的测试方法。

③ 验证电压源模型与电流源模型的等效变换条件。

④ 学会用电流插头、插座测量各支路的电流。

二、实验原理

基尔霍夫定律是电路的基本定律。测量某电路的各支路电流及多个元件两端的电压，应能分别满足基尔霍夫电流定律（KCL）和电压定律（KVL）。

KCL 是指，对集总参数电路来说，在任何时刻流出任一结点的电流的代数和等于零，算式表示为 $\sum_{k=1}^{n} i_k = 0$。

KVL 是指，对集总参数电路来说，在任何时刻沿任一回路的支路电压的代数和等于零，算式表示为 $\sum_{k=1}^{b} u_k = 0$。

运用上述定律时必须注意电流和电压的参考方向，此方向可预先任意设定。

一个直流稳压源在一定的电流范围内，具有很小的内阻，故在实用中，常将它视为一个理想的电压源，其输出电压不随负载电流而改变，其外特性伏安特性 $u = f(i)$ 是一条平行于 i 轴的直线。

一个恒流源在实际运用中，在一定的电压范围内可视为一个理想的电流源。

一个实际的电压源（或电流源），其端电压（或输出电流）不可能不随负载而改变，因它具有一定的内阻值，故在实验中，用一个小阻值的电阻与稳压源串联或用一个大阻值的电阻与恒流源并联来模拟实际的电压源或电流源的情况。

一个实际的电源，就其外特性而言，既可以看成一个电压源模型又可以看成一个电流源模型。若视为电压源模型，则可用一个理想的电压源和一个电阻相串联的组合来表示；若视为电流源模型，则可用一个理想的电流源与一个电导的并联组合表示，若它们向同样的负载提供同样大小的电流和端电压，则称这两个电源模型是等效的，即具有相同的外特性，如图 5.3.1 所示。

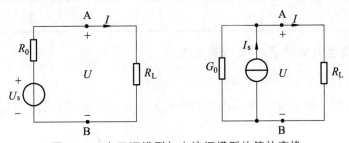

图 5.3.1　电压源模型与电流源模型的等效变换

一个电压源模型与一个电流源模型等效变换的条件为

$$I_s = \frac{U_s}{R_0} \quad , \quad G_0 = \frac{1}{R_0}$$

或

$$U_s = \frac{I_s}{G_0} \quad , \quad R_0 = \frac{1}{G_0}$$

三、实验设备

可调直流稳压电源	2 台;
可调直流恒流源	1 台;
直流数字毫安表	1 块;
直流数字电压表	1 块;
电阻器	1 个;
可调电阻箱	1 个;
实验线路板	1 块。

四、实验内容

1. 基尔霍夫定律的验证

实验线路与实验 5.2 的线路相同,如图 5.2.2 所示。

实验前任意设定三条支路的电流参考方向,如图 5.2.2 中的 I_1、I_2、I_3 所示,并熟悉线路结构,掌握各开关的操作使用方法。

将电流插头的两端接至直流数字毫安表的 " + 、 – " 两端,电流插头的另一端分别插入三条支路的三个电流插座中,读出并记录电流值。用直流数字电压表分别测量两路电源及电阻元件上的电压值,将结果记录于实验表 5.3.1 中。

实验表 5.3.1

被测量	I_1/mA	I_2/mA	I_3/mA	U_{s1}/V	U_{s2}/V	U_{FA}/V	U_{AB}/V	U_{AD}/V	U_{CD}/V	U_{DE}/V
计算值										
测量值										
相对误差										

2. 电压源模型与电流源模型的等效变换

1）测定直流稳压电源与电压源模型的外特性

按图 5.3.2 接线,调节 R_L,令其阻值由小到大变化,将测试电压、电流值记录于实验表 5.3.2 中。

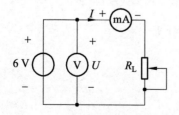

图 5.3.2　稳压源外特性的测试

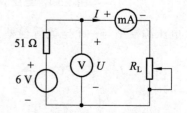

图 5.3.3　实际电压源外特性的测试

实验表 5.3.2

R_L/Ω	100	200	300	500	800	1 000	1 500	2 000	∞
I/mA									
U/V									

按图 5.3.3 接线，虚线内为模拟实际电压源，调节 R_L，令其阻值由小到大变化，记录电压、电流值于实验表 5.3.3 中。

实验表 5.3.3

R_L/Ω	100	200	300	500	800	1 000	1 500	2 000	∞
I/mA									
U/V									

2）测定电流源的外特性

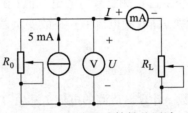

图 5.3.4 电流源外特性的测试

电路如图 5.3.4 所示，令 R_0 分别为 1 kΩ 和 ∞。调节 R_L 阻值，测出这两种情况下的电压 U、电流 I 数值。将结果记录于实验表 5.3.4 中。

实验表 5.3.4

$R_0 = 1$ kΩ								
R_L/Ω	0	200	400	600	800	1 000	2 000	5 000
I/mA								
U/V								
$R_0 = \infty$								
R_L/Ω	0	200	400	600	800	1 000	2 000	5 000
I/mA								
U/V								

3）测定电源模型等效变换的条件

按图 5.3.5 电路接线，首先读取图 5.3.5（a）的电压 U、电流 I 的数值，然后调节图（b）中恒流源 I_S，令电压表、电流表的读数与图（a）时电压 U、电流 I 的数值相等，记录 I_S 之值，验证等效变换条件的正确性。

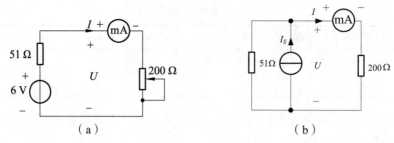

图 5.3.5　电源模型等效变换条件的验证

五、实验注意事项

① 所有需要测量的电压值，均以电压表测量的读数为准，不以电源表盘指示值为准。

② 要识别电流插头所接电流表的"＋、－"极性。并注意仪表的量程。

③ 换接线路时，必须注意关闭电源。

④ 在测电压源外特性时，不要忘记测空载时的电压值；在改变负载时，不允许负载短路。测电流源外特性时，不要忘记测短路时的电流值；在改变负载时，不允许负载开路。

六、思考题

① 根据图 5.2.2 的电路参数，计算出待测的电流 I_1、I_2、I_3 和各电阻上的电压值，记入表中，以便实验测量时，可正确地选定毫安表和电压表的量程。

② 分析理想电压源和电压源的输出端发生短路情况时，以及理想电流源和电流源输出端发生开路情况时对电源的影响。

③ 实际电源的外特性为什么呈下降变化趋势，理想电压源和理想电流源的输出在任何负载下是否保持恒定？

七、实验报告

① 根据实验数据，选定实验电路中的任一个结点，验证 KCL 的正确性。

② 根据实验数据，选定实验电路中的任一个闭合回路，验证 KVL 的正确性。

③ 根据实验数据绘出电源的四条外特性，并总结、归纳各类电源的特性。

④ 根据实验结果验证电源模型等效变换的条件。

⑤ 误差原因分析。

实验 5.4　叠加定理和戴维宁定理的验证

一、实验目的

① 加深对叠加定理和戴维宁定理的理解。

② 掌握测量有源二端网络等效参数的一般测量方法。

③ 验证负载获得最大功率的条件。

二、实验原理

1. 叠加定理

叠加定理是指，在线性电路中，任一支路电流（或电压）都是电路中各个独立电源单独作用时在该支路中产生的电流（或电压）的代数和，线性电路的这一性质称为叠加定理。

例如，由图 5.4.1 可见，当电压源 U_s 和电流源 I_s 同时作用时，在电阻 R_2 中产生的电流 I_2 等于电压源和电流源分别单独作用在电阻 R_2 中产生的电流 I_2' 和 I_2'' 的代数和。

电压源 U_s 不作用时，就用理想导线代替该电压源，使 $U_s = 0$。电流源 I_s 不作用时，将该电流源用开路代替，即 $I_s = 0$。电路中含有的受控源要保留。

注意：功率是电流或电压的二次函数，故叠加定理不适用于功率计算。

线性电路的齐次性是指，当激励信号（所有独立源的值）同时增加或减小 K 倍时，电路的响应（即在电路其他各电阻元件上所产生的电流和电压值）也将增加或减小 K 倍。

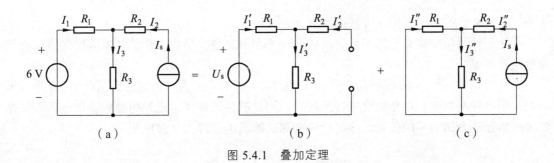

图 5.4.1　叠加定理

2. 戴维宁定理

戴维宁定理是指，任何一个线性有源二端网络，如图 5.4.2（a）所示，对外电路来说，可以用一个电压源和电阻的串联组合等效置换，此电压源的电压等于有源二端网络的开路电压 U_{oc}，电阻等于有源二端网络的全部独立电源置零后的输入电阻 R_{eq}，如图 5.4.2（b）所示。

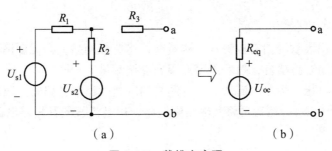

图 5.4.2　戴维宁定理

3. 测定戴维宁等效电路参数的方法

1）开路电压 U_{oc} 的测量

方法一：直接测量法。当网络的等效电阻 R_{eq} 远远小于电压表的内阻时，可直接用电压表或万用表的直流电压挡测量开路电压。

方法二：补偿法测开路电压。如图 5.4.3 所示。图中，R_1、R_2 为标准分压电阻箱，G 为高灵敏度检流计。

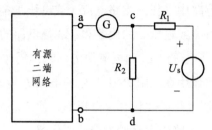

图 5.4.3　补偿法测开路电压

调节电阻箱，当 $U_{cd} = U_{ab}$ 时，检流计中通过的电流为零时，则

$$U_{oc} = U_{ab} = U_{cd} = \frac{R_2}{R_1 + R_2} U_s = K U_s$$

式中，K 为电阻箱的分压比，可直接读出。

由于此种测量方法在电路平衡时，$I_G = 0$，不消耗能量，所以补偿法测量准确度要比直接测量法准确度高。

方法三：另一种补偿法测开路电压，如图 5.4.4 所示。U_s 为可调直流稳压电源，R 是可调电阻，用来限制电流，以免微安表过流损坏。测量时，逐渐调节稳压电源的输出电压，使微安表的指针逐渐回到零的位置，这时稳压电源的输出电压即为开路电压。

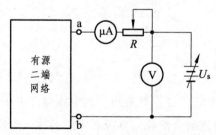

图 5.4.4　另一种补偿法测开路电压

2）等效电阻 R_{eq} 的测量方法

方法一：用万用表欧姆挡直接测量。测量时，将有源网络化为无源网络，即电压源用短路线代替，电流源用开路代替，然后再用万用表直接测量。

方法二：开路电压、短路电流法。在有源二端网络输出端开路时，用电压表直接测其输出端的开路电压 U_{oc}，然后再将其输出端短路，用电流表测其短路电流 I_{sc}，则等效电阻为 $R_{eq} = \dfrac{U_{oc}}{I_{sc}}$。

方法三：两次电压测量法，测量电路如图 5.4.5 所示。第一次测量有源一端口网络 ab 端口开路电压 U_{oc}，第二次在 ab 端口接一可变电阻 R_L，调节 R_L，测量其上电压 U_L，使得 $U_L = \dfrac{U_{oc}}{2}$，则有 $R_{eq} = R_L$。

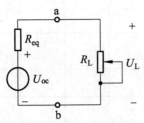

图 5.4.5 两次电压测量法

三、实验设备

可调直流稳压电源	2 台；
可调直流恒流源	1 台；
直流数字毫安表	1 块；
直流数字电压表	1 块；
电位器	1 个；
可调电阻箱	1 个；
实验线路板	2 块。

四、实验内容

1. 叠加定理的验证

实验线路如图 5.4.6 所示。

① 令 U_{s1} 单独作用（将开关 S_1 投向 U_{s1} 侧，将开关 S_2 投向短路侧），用直流数字电压表和毫安表（接电流插头）测量各支路电流及各电阻元件两端电压，将测试数据记录于实验表 5.4.1 中。

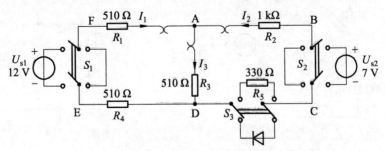

图 5.4.6 叠加定理的验证

实验表 5.4.1

测量 实验内容	I_1 /mA	I_2 /mA	I_3 /mA	U_{s1} /V	U_{s2} /V	U_{FA} /V	U_{AB} /V	U_{AD} /V	U_{CD} /V	U_{DE} /V
U_{s1} 单独作用										
U_{s2} 单独作用										
U_{s1}、U_{s2} 共同作用										
$2U_{s2}$ 单独作用										
U_{s1}、$2U_{s2}$ 共同作用										

② 令 U_{s2} 单独作用（将开关 S_1 投向短路侧，将开关 S_2 投向 U_{s2} 侧），重复①的测量和记录。将测试数据记录于实验表 5.4.1 中。

③ 令 U_{s1}、U_{s2} 共同作用（将开关 S_1、S_2 分别投向 U_{s1}、U_{s2} 侧），重复①的测量和记录。

④ 将 U_{s2} 的数值调至 12 V，重复②、③的测量并记录。将测试数据记录于实验表 5.4.1 中。

⑤ 将 R_5（330 Ω）换成二极管 1N4001（即将开关 S_3 投向二极管 1N4001 侧），重复① ~ ③的测量过程，将测试结果记录于实验表 5.4.2 中。

实验表 5.4.2

测量 实验内容	I_1 /mA	I_2 /mA	I_3 /mA	U_{s1} /V	U_{s2} /V	U_{FA} /V	U_{AB} /V	U_{AD} /V	U_{CD} /V	U_{DE} /V
U_{s1} 单独作用										
U_{s2} 单独作用										
U_{s1}、U_{s2} 共同作用										

2. 戴维宁定理的验证

（1）用开路电压、短路电流法测定戴维宁等效电路的 U_{oc}、R_{eq}。

按图 5.4.7（a）所示电路接入稳压源 U_s、恒流源 I_s 和可变电阻箱 R_L，测量 U_{oc}、I_{sc}。将测试结果记录于实验表 5.4.3 中。

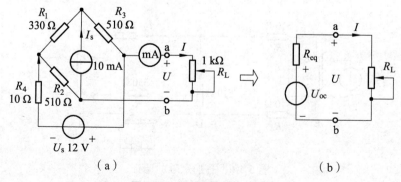

图 5.4.7 验证戴维宁定理

实验表 5.4.3

U_{oc}/V	I_{sc}/A	$R_{eq} = \dfrac{U_{oc}}{I_{sc}} / \Omega$

（2）测定线性有源二端网络的外特性。

电路如图 5.4.7（a）所示，改变 R_L 阻值，将测量值电压 U、电流 I 记录于实验表 5.4.4 中。

实验表 5.4.4

R_L/Ω	0	51	100	200	510	R_{eq}	600	700	1k	2k	10k	∞
I/mA												
U/V												

（3）验证戴维宁定理和最大功率 P_{max} 的条件。

用（1）中测试结果 U_{oc}、R_{eq} 构成的戴维宁等效电路如图 5.4.7（b）所示，当与（2）中取同样的负载 R_L 时，测出端口的电压、电流值，并记录于实验表 5.4.5 中。计算功率 P 并找出对应 P_{max} 的 R_L 值。

实验表 5.4.5

R_L/Ω	0	51	100	200	510	R_{eq}	600	700	1k	2k	10k	∞
I/mA												
U/V												
$P = UI$												

五、实验注意事项

① 用电流插头测量各支路电流时，应注意仪表的极性以及数据表格中"＋、－"号的记录。
② 注意仪表量程的及时更换。
③ 用万用表直接测等效电阻 R_{eq} 时，网络内的独立源必须先置零，以免损坏万用表，其次，欧姆档必须经调零后再进行测量。
④ 绘制特性曲线时，注意坐标比例的合理选取。
⑤ 仪表读数和实验数据的运算要注意按有效数字的有关规则进行。

六、思考题

① 叠加定理中 U_{s1}、U_{s2} 分别单独作用，在实验中应如何操作？可否直接将不作用的电源（U_{s1} 或 U_{s2}）置零（短接）？
② 实验电路中，若有一个电阻器改为二极管，试问叠加定理的叠加性与齐次性还成立吗？为什么？

③ 在求戴维宁等效电路时，作短路实验，测 I_{sc} 的条件是什么？在本实验中可否直接作负载短路实验？请实验前先对线路 5.4.7（a）预先做好计算，以便调整实验线路及测量时可准确地选择电表的量程。

七、实验报告

① 根据实验数据表格，进行分析、比较，归纳、总结实验结论，即验证线性电路的叠加性与齐次性。

② 各电阻器所消耗的功率能否用叠加原理计算得出？试用上述实验数据，进行计算并作出结论。

③ 对于叠加定理的验证，通过实验步骤⑤及分析表格中的数据，你能得出什么样的结论？

④ 将实验测试的有源二端网络的外特性和戴维宁等效电路的外特性 $u = f(i)$ 与理论计算的结果相比较（绘制在同一坐标中），验证它们的等效性，并分析误差产生的原因。

⑤ 归纳、总结实验结果。

实验 5.5　受控源 VCVS、VCCS、CCVS、CCCS 的研究

一、实验目的

① 获得运算放大器和有源器件的感性认识。

② 学习含有运算放大器电路的分析方法。通过进一步理解受控源的物理概念，加深对受控源的认识和理解。

③ 测试受控源的转移特性及其负载特性。

二、实验原理

1. 运算放大器（简称运放）

运算放大器的电路符号及其等效电路如图 5.5.1 所示。

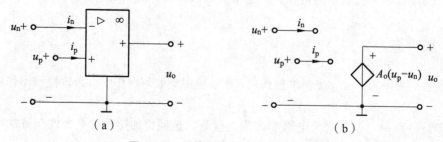

（a）　　　　　　　　　　　　（b）

图 5.5.1　运算放大器及其电路模型

　　运算放大器是一个有源器件，它主要有两个输入端和一个输出端。若信号从"＋"端输入，则输出信号与输入信号相位相同，故称为同相输入端；若信号从"－"端输入，则输出信号与输入信号相位相反，故称为反相输入端。它具有以下几个特性：

　　① 运算放大器的"＋"端与"－"端之间等电位，通常称为"虚短路"。

　　② 运算放大器的输入端电流等于零，通常称为"虚断路"。

　　③ 理想运算放大器的输出电阻为零。

　　以上三个重要性质是分析所有运算放大器的重要依据。要使运算放大器工作，还必须接有正、负直流工作电源（称双电源），有的运算放大器可用单电源工作。

　　理想运算放大器的电路模型为一受控源，如图 5.5.1（b）所示。在它的外部接入不同的电路元件，可构成四种基本受控源电路，以实现对输入信号的各种模拟运算或模拟变换。

2. 受控源

　　是指其电源的输出电压或电流是受电路中另一条支路的电压或电流所控制。当受控源的电压（或电流）与控制支路的电压（或电流）成正比时，则称该受控源为线性受控源。根据控制量与受控量的不同可分为四类受控源：电压控制电压源 VCVS、电压控制电流源 VCCS、电流控制电压源 CCVS、电流控制电流源 CCCS，其电路模型如图 5.5.2 所示。

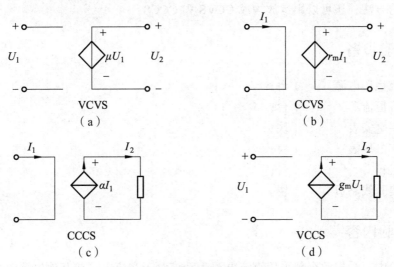

图 5.5.2　受控源的电路模型

　　受控源的控制端与受控端的关系式称为转移函数。

　　四种受控源的定义及其转移函数参量的定义如下：

　　① 电压控制的电压源（VCVS），$U_2 = f(U_1)$，$\mu = U_2/U_1$ 称为电压放大倍数，无量纲；

　　② 电压控制的电流源（VCCS），$I_2 = f(U_1)$，$g_m = I_2/U_1$ 称为转移电导，具有电导的量纲；

　　③ 电流控制的电压源（CCVS），$U_2 = f(I_1)$，$r_m = U_2/I_1$ 称为转移电阻，具有电阻的量纲；

　　④ 电流控制的电流源（CCCS），$I_2 = f(I_1)$，$\alpha = I_2/I_1$ 称为电流放大倍数，无量纲。

3. 受控源的实现

　　图 5.5.3 所示为用运放构成的 VCVS，则

$$u_2 = \left(1 + \frac{R_1}{R_2}\right)u_1 = \mu u_1$$

式中，μ 称为电压放大倍数。

图 5.5.4 所示为用运放构成的 VCCS，则

$$i_2 = i_{R2} = \frac{u_1}{R_2} = g_m u_1$$

式中，g_m 称为转移电导。

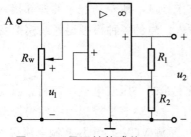

图 5.5.3 用运放构成的 VCVS

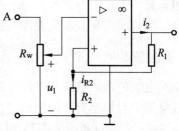

图 5.5.4 用运放构成的 VCCS

用类似的方法，还可以用运放构成 CCVS 和 CCCS。

三、实验设备

可调直流稳压电源	1 台；
可调直流恒流源	1 台；
直流数字毫安表	1 块；
直流数字电压表	1 块；
可变电阻箱	1 台；
受控源实验线路板	1 块。

四、实验内容

本次实验中，受控源全部采用直流电源激励，对于交流电源或其他电源激励，实验结果是一样的。

1. 测量受控源 VCVS 的转移特性及负载特性

实验线路如图 5.5.5 所示。

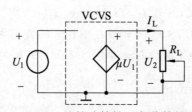

图 5.5.5 VCVS 的转移特性及负载特性的测量

① 固定 $R_L = 2\,\text{k}\Omega$，调节稳压电源输出电压 U_1，使其在 $0 \sim 4\,\text{V}$ 范围内取值，测量 U_1 及相应 U_2 的值，将测试数据记录于实验表 5.5.1 中。在方格纸上绘出电压转移特性曲线 $U_2 = f(U_1)$，并由其线性部分求出电压放大倍数 μ。

实验表 5.5.1

测量值	U_1/V	0.5	1	1.5	2	2.5	3	3.5	4
	U_2/V								
实验计算值	μ								

② 保持 $U_1 = 2\,\text{V}$，令 R_L 阻值从 $500\,\Omega$ 增至 ∞，测量 U_2 及 I_L，将测试数据记录于实验表 5.5.2 中，并绘制负载特性曲线 $U_2 = f(I_L)$。

实验表 5.5.2

R_L/Ω	500	600	700	1k	2k	5k	9k	10k	∞
U_2/V									
I_L/mA									

2. 测量受控源 VCCS 的转移特性及负载特性

实验线路如图 5.5.6 所示。

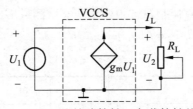

图 5.5.6　VCCS 的转移特性及负载特性的测量

① 固定 $R_L = 2\,\text{k}\Omega$，调节稳压电源输出电压 U_1，使其在 $0 \sim 4\,\text{V}$ 范围内取值。测量 U_1 及相应的 I_L，将测试数据记录于实验表 5.5.3 中，绘制 $I_L = f(U_1)$ 曲线，并由其线性部分求出转移电导 g_m。

实验表 5.5.3

测量值	U_1/V	0.5	1	1.5	2	2.5	3	3.5	4
	I_L/mA								
实验计算值	g_m/S								

② 保持 $U_1 = 2\,\text{V}$，令 R_L 阻值从 $200\,\Omega$ 增至 $5\,\text{k}\Omega$，测量相应的 I_L 及 U_2，将测试数据记录于实验表 5.5.4 中，并绘制负载特性曲线 $I_L = f(U_2)$。

实验表 5.5.4

R_L/kΩ	200	400	600	800	1k	2k	4k	5k
I_L/mA								
U_2/V								

3. 测量受控源 CCVS 的转移特性及负载特性

实验线路如图 5.5.7 所示。

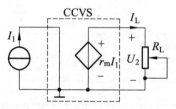

图 5.5.7　CCVS 的转移特性及负载特性的测量

① 固定 $R_L = 2\,k\Omega$，调节恒流源的输出电流 I_1，使其在 $0 \sim 0.8\,mA$ 范围内取值，测量 I_1 及相应的 U_2 值，将测试数据记录于实验表 5.5.5 中。绘制 $U_2 = f(I_1)$ 曲线，并由其线性部分求出转移电阻 r_m。

实验表 5.5.5

测量值	I_1/mA	0.1	0.2	0.3	0.4	0.5	0.6	0.7	0.8
	U_2/V								
实验计算值	r_m/kΩ								

② 保持 $I_1 = 0.3\,mA$，令 R_L 阻值从 $500\,\Omega$ 增至 ∞，测量 U_2 及 I_L，将测试数据记录于实验表 5.5.6 中。绘制负载特性曲线 $U_2 = f(I_L)$。

实验表 5.5.6

R_L/Ω	500	1k	2k	4k	6k	8k	10k	∞
U_2/V								
I_L/mA								

4. 测量受控源 CCCS 的转移特性及负载特性

实验线路如图 5.5.8 所示。

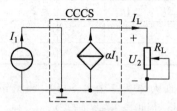

图 5.5.8　CCCS 的转移特性及负载特性的测量

① 固定 $R_L = 2\,k\Omega$，调节恒流源的输出电流 I_1，使其在 $0 \sim 0.8\,mA$ 范围内取值，测量 I_1 及相应的 I_L，将测试数据记录于实验表 5.5.7 中。绘制 $I_L = f(I_1)$ 曲线，并由其线性部分求出电流放大倍数 α。

实验表 5.5.7

测量值	I_1/mA	0	0.1	0.2	0.3	0.4	0.5	0.6	0.8
	I_L/mA								
实验计算值	α								

② 保持 $I_1 = 0.3$ mA，令 R_L 阻值从 0 增至 4 kΩ，测量 I_L 及 U_2，将测试数据记录于实验表 5.5.8 中。绘制负载特性曲线 $I_L = f(U_2)$。

实验表 5.5.8

R_L/Ω	0	500	1k	1.5k	2k	2.5k	3k	4k
I_L/mA								
U_2/V								

五、实验注意事项

① 实验中，注意运放的输出端不能与地短接，输入电压不得超过 10 V。

② 在用恒流源供电的实验中，不要使恒流源的负载开路。

六、思考题

① 受控源和独立源相比有何异同点？比较四种受控源的电路模型、控制量与被控量的关系？

② 四种受控源中的 μ、g_m、r_m 和 α 的意义是什么？如何测得？

③ 若令受控源的控制量极性反向，试问其被控量极性是否发生变化？

④ 受控源的控制特性是否适合于交流信号？

七、实验报告

① 根据实验数据，在方格纸上分别绘出四种受控源的转移特性和负载特性曲线，并求出相应的转移参量。

② 对有关的预习思考题作必要的回答。

③ 对实验的结果作出合理地分析和结论，总结对四种受控源的认识和理解。

实验 5.6 典型电信号的观察与测量

一、实验目的

① 熟悉实验装置上信号发生器的布局，各旋钮、开关的作用及其使用方法。

② 初步掌握用示波器观察电信号波形，定量测出正弦信号和方波脉冲信号的波形参数。
③ 验证电阻、感抗、容抗与频率的关系，测定 $R \sim f$、$X_L \sim f$、$X_C \sim f$ 特性曲线。
④ 加深理解 R、L、C 元件端电压与电流间的相位关系。

二、实验原理

正弦交流信号和方波脉冲信号是常用的电激励信号，由函数信号发生器提供。

正弦信号的波形参数是幅值 U_m、周期 T（或频率 f）和初相 φ；方波脉冲信号的波形参数是幅值 U_m、脉冲重复周期 T 及脉宽 t_k。

电子示波器是一种信号图形观察和测量仪器，可定量测出电信号的波形参数，从荧光屏的 Y 轴刻度尺并结合其量程分档选择开关（Y 轴输入电压灵敏度分档选择开关）读得电信号的幅值；从荧光屏的 X 轴刻度尺并结合其量程分档选择开关（时间扫描速度分档选择开关）读得电信号的周期、脉宽、相位差等参数。为了完成对各种不同波形、不同要求的观察和测量，它还有一些其他的调节和控制旋钮，希望在实验中加以摸索和掌握。

一台双踪示波器可以同时观察和测量两个信号波形。信号发生器将向实验电路提供所需要的波形和信号频率。

在正弦交流信号作用下，R、L、C 电路元件在电路中的阻抗与信号的频率有关，它们的阻抗频率特性 $R \sim f$、$X_L \sim f$、$X_C \sim f$ 如图 5.6.1 所示。

单一元件阻抗频率特性的测量电路如图 5.6.2 所示。

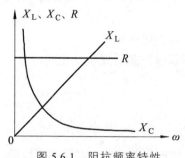

图 5.6.1 阻抗频率特性

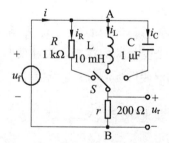

图 5.6.2 元件阻抗频率特性的测量电路

图中 R、L、C 为被测元件，r 为电流取样电阻。改变信号源频率，测量 R、L、C 元件两端电压 U_R、U_L、U_C，流过被测元件的电流则可由 r 两端的电压除以 r 得到。

若用双踪示波器同时观察 r 与被测元件两端的电压，亦就展现出被测元件的电压和流过该元件电流的波形，从而可在荧光屏上测出电压与电流的幅值及它们之间的相位差。

元件的阻抗角（即相位差 φ）随输入信号的频率变化而改变，同样可用实验方法测得阻抗角的频率特性曲线 $\varphi \sim f$，如图 5.6.3 所示，且

$$\varphi = m \times \frac{360°}{n}$$

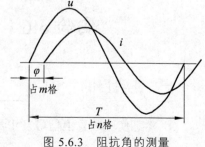

图 5.6.3 阻抗角的测量

三、实验设备

双综示波器　　　　　1台；
函数信号发生器　　　1台；
交流毫伏表　　　　　1块；
实验线路元件　　　　若干（ $R = 1\,\text{k}\Omega$ 、 $C = 1\,\mu\text{F}$ 、 $L = 10\,\text{mH}$ 、 $r = 200\,\Omega$ ）。

四、实验内容

1. 双踪示波器的自检

将示波器面板部分的"标准信号"插口，通过示波器专用同轴电缆接至双踪示波器的 Y 轴输入插口" Y_A "或" Y_B "端，然后开启示波器电源，指示灯亮，稍后，调节示波器面板上的"辉度""聚焦""X 轴位移""Y 轴位移"等旋钮，使荧光屏的中心部分显示出线条细而清晰、亮度适中的方波波形；通过选择幅度和扫描速度灵敏度，并将它们的微调旋钮旋至"校准"位置，从荧光屏上读出该"标准信号"的幅值与频率，并与标称值（1 V，1 kHz 的信号）作比较，如相差较大，请指导老师给予校准。

2. 正弦波信号的观测

将示波器的幅度和扫描速度微调旋钮旋至"校准"位置。通过电缆线，将函数信号发生器的正弦输出口与示波器的 Y_A 插座相连。接通电源，调节信号源的频率旋钮，使输出频率分别为 2 000 Hz 和 10 kHz（由频率计读出），输出幅值分别为有效值 1 V、3 V（由交流毫伏表读得），调节示波器 Y 轴和 X 轴灵敏度至合适的位置，从荧光屏上读得周期及幅值，将测试数据分别记录于实验表 5.6.1 和实验表 5.6.2 中。

实验表 5.6.1

频率计读数 f_0　　　　　　项目测定	正弦信号频率 f 的测定	
	2 000 Hz	10 kHz
示波器/（"t/div"）		
一个周期占有的格数		
信号周期/s		
计算所得频率/Hz		
相对误差 γ_f		

注：相对误差 $\gamma_f = \dfrac{f - f_0}{f_0} \times 100\%$ 。

实验表 5.6.2

交流毫伏表读数 U_0（有效值）／项目测定	正弦信号幅值的测定	
	1 V	3 V
示波器／（"v/div"）		
峰—峰值波形的格数		
峰　值		
计算所得有效值 U		
相对误差 γ_u		

注：相对误差 $\gamma_u = \dfrac{U - U_0}{U_0} \times 100\%$

3. 测量 R、L、C 元件的阻抗频率特性

通过电缆线将函数信号发生器输出的正弦信号接至图 5.6.2 的电路作为激励源 u_f，并用交流毫伏表测量，使激励电压的有效值 $U = 3$ V，并在整个实验过程中保持不变。

改变信号源的输出频率从 200 Hz 逐渐增至 5 kHz（用频率计测量），分别接通 R、L、C 三个元件，用交流毫伏表分别测量 U_R、U_r；U_L、U_r；U_C、U_r，并通过计算得到各频率点时的 R、X_L 与 X_C 之值，将测试数据记录于实验表 5.6.3 中。

用双踪示波器观察 RC 串联电路在不同频率下阻抗角 φ 的变化情况，将数据记录于实验表 5.6.4 中。

实验表 5.6.3

频率 f（Hz）		200	500	1k	2k	3k	4k	5k
R	U_R/V							
	U_r/V							
	$I_R = U_r / r$/mA							
	$R = U_R / I_R$/kΩ							
L	U_L/V							
	U_r/V							
	$I_L = U_r / r$/mA							
	$X_L = U_L / I_L$/kΩ							
C	U_C/V							
	U_r/V							
	$I_C = U_r / r$/mA							
	$X_C = U_C / I_C$/kΩ							

实验表 5.6.4

频率 f/Hz	200	500	1k	2k	3k	4k	5k
n/格							
m/格							
φ/°							

五、实验注意事项

① 在充分了解示波器的各个旋钮、开关的作用后，才可使用示波器。示波器荧光屏上的扫描线（或光点）不宜过亮或长时间停在一个地方不动，以防损坏荧光屏。

② 测量被测信号的幅度和周期时，应分别将"V/div"与"t/div"开关的微调旋钮置于校正位置，否则测量结果不准确。

③ 一般示波器对每一个信号的输入，都有额定的最高允许电压范围，应根据示波器技术说明书中规定的范围使用，不能加过高的输入信号电压。

④ 尽量在荧光屏有效面内进行测读，以减小测量误差。

⑤ 调节示波器时，要注意触发开关和电平调节旋钮的配合使用，以便显示的波形稳定。

⑥ 为防止外界干扰，信号发生器的接地端与示波器的接地端要相连一致（称共地）。

⑦ 交流毫伏表属于高阻抗仪表，测量前必须先调零。

⑧ 测 φ 时，示波器的"V/div"和"t/div"的微调旋钮应旋置"校准位置"。

六、思考题

① 示波器面板上"t/div"和"V/div"的含义是什么？

② 观察本机"标准信号"时，要在荧光屏上得到两个周期的稳定波形，而幅度要求为五格，试问 Y 轴电压灵敏度"V/div"应置于哪一档位置？"t/div"又应置于哪一档位置？

③ 示波器面板上的控制钮可分为几类？

④ 如果示波器荧光屏上显示的信号波形不稳定，应调节哪些旋钮才能得到稳定的波形？

⑤ 测量 R、L、C 各个元件的阻抗角时，为什么要与它们串联一个小电阻？可否用一个小电感或大电容代替？为什么？

七、实验报告

① 整理实验中显示的各种波形，绘制有代表性的波形。

② 总结实验中所用仪器的使用方法及观测电信号的方法。

③ 根据实验数据，在方格纸上绘制 R、L、C 三个元件的阻抗频率特性曲线，从中可得出什么结论？在方格纸上绘制 RC 串联电路的阻抗角频率特性曲线，并总结、归纳出结论。

实验 5.7　用三表法测量电路的等效参数

一、实验目的

① 学会用交流电压表、交流电流表和功率表测量元件的交流等效参数的方法。
② 学会功率表的接法和使用。

二、实验原理

1. 正弦交流激励下的元件值或阻抗值

可以用交流电压表、交流电流表及功率表，分别测量出元件两端的电压 U、流过该元件的电流 I 和它所消耗的功率 P，然后通过计算得到所求的各值，这种方法称为三表法，它是测量 50 Hz 交流电路参数的基本方法，如图 5.7.1 所示。

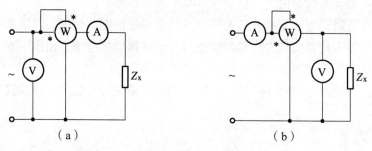

图 5.7.1　三表法测量阻抗的两种接线图

阻抗的模 $\qquad |Z| = \dfrac{U}{I}$

电路的功率因数 $\qquad \cos\varphi = \dfrac{P}{UI}$

等效电阻 $\qquad R = \dfrac{P}{I^2} = |Z|\cos\varphi$

等效电抗 $\qquad X = |Z|\sin\varphi$

如果被测元件为一个电感线圈，则有

$$X = X_{\mathrm{L}} = |Z|\sin\varphi = 2\pi f L$$

如果被测元件为一个电容器，则有

$$X = X_{\mathrm{C}} = |Z|\sin\varphi = \dfrac{1}{2\pi f C}$$

如果被测对象不是一个元件，而是一个无源一端口网络，虽然也可从 U、I、P 三个量中求得 $R = |Z|\cos\varphi$，$X = |Z|\sin\varphi$，但无法判定出 X 是容性还是感性。

2. 阻抗性质的判别方法

在被测元件两端采用并联电容或串联电容的方法对阻抗性质加以判别，原理与方法如下：

① 在被测元件两端并联一只适当容量的试验电容，若串联在电路中的电流表读数增大，则被测阻抗为容性，电流减小则为感性。

在图 5.7.2（a）中，Z 为待测元件，C' 为试验电容器，图（b）是图（a）的等效电路，图中 G、B 为待测阻抗 Z 的电导和电纳，B' 为并联电容 C' 的电纳。在端电压有效值不变的条件下，按下面两种情况进行分析：

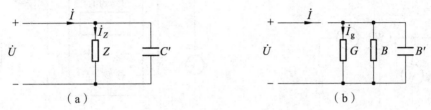

图 5.7.2　并联电容测量法

设 $B + B' = B''$，若 B' 增大，B'' 也增大，则电路中电流 I 将单调地上升，故可判断 B 为容性元件。

设 $B + B' = B''$，若 B' 增大，而 B'' 先减小而后增大，电流 I 也是先减小后上升，如图 5.7.3 所示，则可判断 B 为感性元件。

由以上分析可见，当 B 为容性元件时，对并联电容 C' 值无特殊要求；当 B 为感性元件时，$B' < |2B|$ 才有判定为感性的意义。$B' > |2B|$ 时，电流单调上升，与 B 为容性时相同，并不能说明电路是感性的。因此 $B' < |2B|$ 是判断电路性质的可靠条件，由此得判定条件为 $C' < \left|\dfrac{2B}{\omega}\right|$。

② 与被测元件串联一个适当容量的试验电容，若被测阻抗的端电压下降，则判为容性，端电压上升则为感性，判定条件为 $\dfrac{1}{\omega C'} < 2|X|$，式中，$X$ 为被测阻抗的电抗值，C' 为串联试验电容值，此关系式可自行证明。

判断待测元件的性质，除上述借助于试验电容 C' 测定法外还可以利用该元件电流、电压间的相位关系，若 i 超前于 u，为容性；i 滞后于 u，则为感性。

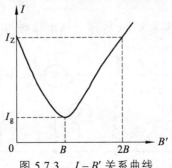

图 5.7.3　$I - B'$ 关系曲线

3. 功率表的结构、接线与使用

功率表（又称为瓦特表），其电流线圈与负载串联，电压线圈与负载并联，电压线圈可以与电源并联使用，也可与负载并联使用。

功率表的正确接法是：连接功率表时，对有"*"标记电流线圈一端，必须接在电源端，另一端接至负载端；对有"*"标记电压线圈一端，应与电流线圈"*"端接在一起，另一端应跨接至负载的另一端。

图 5.7.4（a）为电路原理图，图 5.7.4（b）为电压表、电流表、功率表的接线图，此种接法功率表的读数中包含了电流线圈的功耗，它适用于负载阻抗远大于电流线圈阻抗的情况。

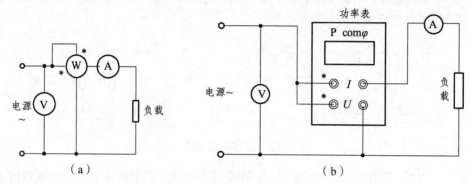

图 5.7.4　功率表的接线

三、实验设备

交流电压表	1 块；
交流电流表	1 块；
功率表	1 块；
自耦调压器	1 台；
电感线圈（30 W 日光灯配用）	1 个；
电容器（4.7 μF/500 V）	1 只；
白炽灯（15 W/220 V）	1 个。

四、实验内容

测试线路如图 5.7.5 所示。按图 5.7.5 接线，经指导教师检查后，方可接通电源。

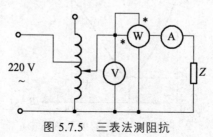

图 5.7.5　三表法测阻抗

① 分别测量 15 W 白炽灯（R）、30 W 日光灯镇流器（L）、和 4.7 μF/2.2 μF 电容器（C）的等效参数。要求 R 和 C 二端所加电压为 220 V，L 中电流小于 0.4 A。

② 测量 L、C 串联与并联后的等效参数。

将以上测试数据记录于实验表 5.7.1 中。

实验表 5.7.1

被测阻抗 参数值		测量值				计算值		电路等效参数		
		U/V	I/A	P/W	$\cos\varphi$	$|Z|/\Omega$	$\cos\varphi$	R/Ω	L/mH	C/ μF
15 W 白炽灯 R		220 V								
日光灯镇流器 L		100 V								
电容器 C	4.7 μF	220 V								
	2.2 μF	220 V								
L 与 C（4.7 μF）串联		100 V								
L 与 C（4.7 μF）并联		100 V								

③ 用并接实验电容的方法来判定 LC 串联（如图 5.7.6（a）所示）和 LC 并联后（如图 5.7.6（b）所示）阻抗的性质。将测试数据记录于实验表 5.7.2 中。

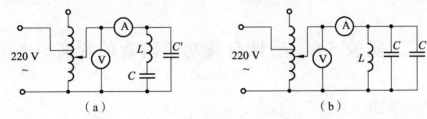

图 5.7.6 阻抗性质判定

实验表 5.7.2

被测元件	U/V	并 1μF 电容	
		并电容前电流（A）	并电容后电流（A）
日光灯镇流器 L 与 4.7 μF 电容 C 串联	100 V		
日光灯镇流器 L 与 4.7 μF 电容 C 并联	100 V		

五、实验注意事项

① 本实验直接用 220 V 交流电源供电，实验中要特别注意安全，不可用手直接触摸通电线路的裸露部分，以免触电。

② 自耦调压器在接通电源前，应将其手柄置在零位上（逆时针旋到底），调节时，使其输出电压从零开始逐渐升高。每次改接实验线路或实验完毕，都必须先将手柄慢慢调回零位，再断电源。必须严格遵守这一安全操作规程。

③ 功率表要正确接入电路，读数时应注意量程和标度尺的折算关系。

④ 功率表不能单独使用，一定要有电压表和电流表监测，使电压和电流表的读数不超过功率表电压和电流的量限。

⑤ 电感线圈 L 中流过电流不得超过 0.4 A。

六、思考题

① 复习正弦交流电路阻抗的概念。

② 在 50 Hz 的交流电路中，测得一只铁心线圈的 P、I、U，如何计算它的阻值及电感量？

③ 如何用串联电容的方法来判别阻抗的性质？试用 I 随 X'（串联容抗）的变化关系作定性分析，证明串联试验时，C' 满足：$\dfrac{1}{\omega C'} < |2X|$

七、实验报告

① 根据实验数据，完成各项计算。

② 完成预习思考题②、③的任务。

③ 总结功率表与自耦调压器的使用方法。

实验 5.8 感性负载功率因数的提高

一、实验目的

① 加深对使用并联电容来提高功率因数的理解。

② 进一步熟悉电工仪表的使用方法和常用交流电表的读数方法，训练实际操作能力。

③ 掌握日光灯线路的接线。

二、实验原理

通常，用电设备中很多是感性负载，如工业用的感应电动机，感应电炉以及照明用的日光灯等。实践中，常在感性负载两端并联电容器，使流过电容器的电流与负载感性电流相补偿，达到提高功率因数的目的。

提高功率因数的意义是：当电路的功率因数 $\cos\varphi$ 较低时，会带来两个方面的问题，一是在设备的容量一定时，使得设备（如发电机、变压器等）的容量得不到充分的利用；二是在负载有功功率不变的情况下，会使得线路上的电流增大，从而使线路损耗增加，导致传输效率降低，因此，提高电路（系统）的功率因数有着十分重要的经济意义。

提高功率因数的方法是：根据负载的性质在电路中接入适当的电抗元件，即接入电容器或电感器。由于实际的负载（如电动机、变压器等）大多为感性的，因此在工程应用中一般采用在负载端并联电容器的方法，用电容器中容性电流补偿感性负载中的感性电流，从而提高功率因数。这种方法也称为无功补偿。

进行无功补偿时会出现三种情况，即欠补偿、全补偿和过补偿。

欠补偿是指接入电抗元件后，电路的功率因数提高，但 $\cos\varphi<1$，且电路等效阻抗的性质不变。

全补偿是指将电路的功率因数提高后，使 $\cos\varphi=1$。

过补偿是指进行无功补偿后，电路等效阻抗的性质发生了改变，即感性电路变为容性电路，或反之。

从经济的角度考虑，在工程应用中一般采用的是欠补偿，且通常使 $\cos\varphi=0.85\sim0.9$。

图 5.8.1 所示为日光灯电路。日光灯实际为一感性负载，因此提高日光灯电路功率因数的方法是采用并联电容器的方法。本次实验即是通过日光灯电路学习提高功率因数的方法，并观察有关现象。

实际生活中，日光灯电路中的电流为非正弦波形，进行实验时将此电路视为正弦电路，这是一种近似方法，因此实验结果会出现误差。

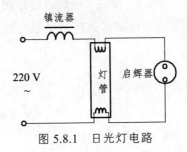

图 5.8.1　日光灯电路

三、实验设备

交流电压表	1 块；
交流电流表	1 块；
功率表	1 块；
自耦调压器	1 台；
日光灯（镇流器、启辉器、灯管）	1 套；
电容器（1 μF、2.2 μF、4.7 μF/500 V）	若干。

四、实验内容

1. 日光灯电路接线与测量

实验线路如图 5.8.2 所示，其中 R、L 为日光灯镇流器的等效电阻和电感（镇流器为带铁心的电感线圈）。

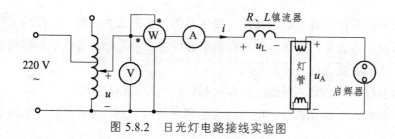

图 5.8.2　日光灯电路接线实验图

实验表 5.8.1

测量内容	测量数值						计算值	
	P/W	$\cos\varphi$	I/A	U/V	U_L/V	U_A/V	R	$\cos\varphi$
启辉值								
正常工作值								

　　经指导教师检查后接通 220 V 正弦交流电源，调节自耦调压器的输出，使其输出电压缓慢增大，直到日光灯刚启辉点亮为止，记下电压表 U、电流表 I、功率表 P 的指示值以及镇流器两端的电压 U_L、灯管两端的电压 U_A 等值。然后将电压调至 220 V，再次测量功率 P、电流 I、电压 U 以及电压 U_L、U_A 等值，将测试数据记录于实验表 5.8.1 中。

2. 功率因数提高

　　按图 5.8.3 所示组成实验线路。

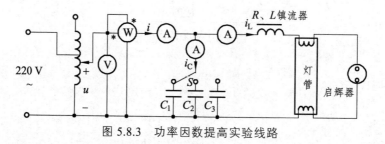

图 5.8.3　功率因数提高实验线路

　　经指导教师检查后，接通电源，将自耦调压器的输出调至 220 V，记录功率表、电压表读数，通过电流表分别测得三条支路的电流，改变电容值，进行重复测量。将测试数据记录于实验表 5.8.2 中。

实验表 5.8.2

电容值	测量数值					计算值
C（μF）	P（W）	I（A）	U（V）	I_L（A）	I_C（A）	$\cos\varphi$
0						
1						
2.2						

电 容 值	测 量 数 值					计算值
C（μF）	P（W）	I（A）	U（V）	I_L（A）	I_C（A）	$\cos\varphi$
3.2						
4.7						
5.7						
6.9						

五、实验注意事项

① 注意日光灯电路的正确连接，镇流器必须与灯管相串联，以免损坏灯管。
② 日光灯不能启辉时，应检查启辉器及其接触是否良好。

六、思考题

① 参阅课外资料，了解日光灯的启辉原理。
② 在日常生活中，当日光灯上缺少了启辉器时，人们常用一根导线将启辉器的两端短接一下，然后迅速断开，使日光灯点亮；或用一只启辉器去点亮多只同类型的日光灯，这是为什么？
③ 为了提高电路的功率因数，常在感性负载上并联电容器，此时增加了一条电流支路，试问电路的总电流是增大还是减小，此时感性元件上的电流和功率是否改变？
④ 提高线路功率因数为什么只采用并联电容器法，而不用串联法？所并的电容器是否越大越好？

七、实验报告

① 完成数据表格中的计算，进行必要的误差分析。
② 讨论改善电路功率因数的意义和方法。
③ 根据 $C=0$ 时的测量数据，计算在正弦稳态的情况下，使负载端 $\cos\varphi=1$ 时应并联的电容值。
④ 完成思考题的任务。
⑤ 总结装接日光灯线路的体会及其他。

实验 5.9　互感电路的研究

一、实验目的

① 加强理解互感线圈同名端的概念。学习互感电路同名端、互感系数以及耦合系数的测定方法。

② 理解两个线圈相对位置的改变，以及用不同材料作线圈芯时对互感的影响。

二、实验原理

1. 判断互感线圈同名端的方法

① 直流法。电路如图 5.9.1 所示，当开关 S 闭合瞬间，若毫安表的指针正偏，则可断定"1""3"为同名端；指针反偏，则"1""4"为同名端。

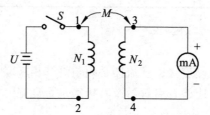

图 5.9.1　直流法判断互感同名端

② 交流法。电路如图 5.9.2 所示。

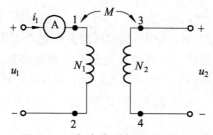

图 5.9.2　交流法判断互感同名端

将两个线圈 N_1 和 N_2 的任意两端（如 2、4 端）连一起，在其中的一个线圈（如 N_1）两端加一个低电压，另一个线圈开路（如 N_2），用交流电压表分别测出端电压 U_{13}、U_{12}、U_{34}。若有 $U_{13} > U_{12}$ 且 $U_{13} > U_{34}$，则表明两线圈相接的两端（2、4 端）是异名端。

2. 两线圈互感系数 M 的测定

在图 5.9.2 的 N_1 两端加低压交流电 u_1，N_2 侧开路，测出 I_1 及 U_2（有效值）。根据

$$U_2 = \omega M I_1$$

可算得互感系数为
$$M = \frac{U_2}{\omega I_1}$$

3. 耦合系数 k 的测定

两个互感线圈耦合松紧的程度可用耦合系数 k 来表示

$$k = \frac{M}{\sqrt{L_1 L_2}}$$

在图 5.9.2 的 N_1 两端加低压交流电 u_1，测出 N_2 侧开路时 N_1 侧的电流 I_1；然后再在 N_2 侧加电压 u_2，测出 N_1 侧开路时 N_2 侧的电流 I_2，求出各自的自感 L_1 和 L_2，即可算得 k 值。

三、实验设备

可调直流稳压电源	1台；
直流数字电压表	1块；
直流数字电流表	1块；
交流电压表	1块；
交流电流表	1块；
空心互感线圈（N_1 为大线圈，N_2 为小线圈）	1对；
自耦调压器	1台；
电阻器（510 Ω，30 W）	2个；
发光二极管	1个；
铁棒、铝棒	1个；
变压器	1台。

四、实验内容

1. 分别用直流法和交流法测定互感线圈的同名端

① 直流法。实验线路如图 5.9.3 所示。先将 N_1 和 N_2 两线圈的四个接线端子编以 1、2 和 3、4 号。将 N_1，N_2 同心地套在一起，并放入细铁棒。U 为可调直流稳压电源，调至 10 V。流过 N_1 侧的电流不可超过 0.4 A（选用 5 A 量程的数字电流表）。N_2 侧直接接入 2 mA 量程的毫安表。将铁芯迅速地拔出和插入，观察毫安表正、负读数的变化，来判定 N_1 和 N_2 两个线圈的同名端。

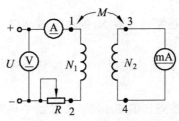

图 5.9.3　直流法实验线路

② 交流法。实验线路如图 5.9.4 所示。由于加在 N_1 上的电压仅 2 V 左右，直接用屏内调压器很难调节，因此采用图 5.9.4 的线路来扩展调压器的调节范围。图中 U、N 为自耦调压器的输出端，B 为升压铁芯变压器，此处作降压用。将 N_2 放入 N_1 中，并在两线圈中插入铁棒。A 为 2.5 A 以上量程的电流表，N_2 侧开路。

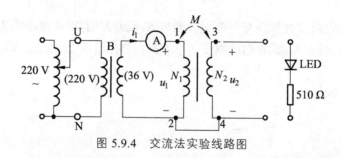

图 5.9.4　交流法实验线路图

接通电源前，应首先检查自耦调压器是否调至零位，确认后方可接通交流电源，令自耦调压器输出一个很低的电压（约 2 V 左右），使流过电流表的电流小于 1.5 A，然后用 0 ~ 30 V 量程的交流电压表测量 U_{13}、U_{12}、U_{34}，判定同名端。

拆去 2、4 联线，并将 2、3 相接，重复上述步骤，判定同名端。

2. 自感系数 M 的测定

拆除 2、3 连线，测 U_1、I_1、U_2，计算出 M。

3. 耦合系数 k 的测定

将低压交流电加在 N_2 侧，使流过 N_2 侧电流小于 1 A，N_1 侧开路，按步骤（2）测出 U_2、I_2、U_1。用万用表的 $R \times 1$ 档分别测出 N_1 和 N_2 线圈的电阻值 R_1 和 R_2，计算 k 值。

4. 观察互感现象

在图 5.9.4 的 N_2 侧接入 LED 发光二极管与 510 Ω 串联的支路。

① 将铁芯慢慢地从两线圈中抽出和插入，观察 LED 亮度的变化及各电表读数的变化，记录现象。

② 改变两线圈的相对位置，观察 LED 亮度的变化及仪表读数。

③ 改用铝棒替代铁捧，重复①、②的步骤，观察 LED 的亮度变化，记录现象。

五、实验注意事项

① 在整个实验过程中，注意流过线圈 N_1 的电流不得超过 1.5 A，流过线圈 N_2 的电流不得超过 1 A。

② 测定同名端及其他测量数据的实验中，都应将小线圈 N_2 套在大线圈 N_1 中，并插入铁芯。

③ 做交流实验前，首先要检查自耦调压器，要保证手柄置在零位，因实验时所加的电压只有 2 ~ 3 V 左右。因此调节时要特别仔细、小心，要随时观察电流表的读数，不得超过规定值。

六、思考题

① 用直流法判断同名端时，如何根据 S 断开瞬间毫安表指针的正、反偏来判断同名端？

② 本实验用直流法判断同名端是用插、拔铁芯时观察电流表的正、负读数变化来确定的，这与实验原理中所叙述的方法是否一致？

七、实验报告

① 总结对互感线圈同名端、互感系数的实验测试方法。
② 自拟互感实验中测试数据表格，完成计算任务。
③ 解释实验中观察到的互感现象。

实验 5.10　单相铁心变压器特性的测试

一、实验目的

① 通过测量，计算变压器的各项参数。
② 学会测试并绘出变压器的空载特性与外特性。

二、实验原理

图 5.10.1 所示为测试变压器参数的电路，由各仪表读得变压器原边（AX，低压侧）的 U_1、I_1、P_1 及副边（ax，高压侧）的 U_2、I_2，并用万用表 $R \times 1$ 档测出原、副绕组的电阻 R_1 和 R_2，即可算得变压器的各项参数值：

电压比　　　　$K_u = \dfrac{U_1}{U_2}$；

电流比　　　　$K_i = \dfrac{I_2}{I_1}$；

原边阻抗　　　$|Z_1| = \dfrac{U_1}{I_1}$；

副边阻抗　　　$|Z_2| = \dfrac{U_2}{I_2}$；

阻抗比　　　　$\left|\dfrac{Z_1}{Z_2}\right|$；

负载功率　　　$P_2 = U_2 I_2 \cos\varphi_2$；

副边功耗　　　$P_0 = P_1 - P_2$；

功率因数　　　$\cos\varphi_1 = \dfrac{P_1}{U_1 I_1}$；

原边线圈铜耗　$P_{cu1} = R_1 I_1^2$；

副边线圈铜耗　$P_{cu2} = R_2 I_2^2$；

铁耗　　　　　$P_{Fe} = P_0 - (P_{cu1} + P_{cu2})$。

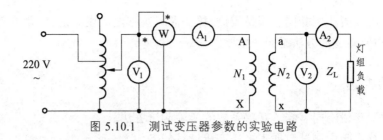

图 5.10.1　测试变压器参数的实验电路

1. 变压器空载特性的测试

铁芯变压器是一个非线性元件，铁心中的磁感应强度 B 决定于外加电压的有效值 U，当副边开路（即空载）时，原边的励磁电流 I_{10} 与磁场强度 H 成正比。在变压器中，副边空载时，原边电压与电流的关系称为变压器的空载特性，这与铁芯的磁化曲线（$B-H$ 曲线）是一致的。

空载实验通常是将高压侧开路，由低压侧通电进行测量，又因空载时功率因数很低，测量功率时应采用低功率因数瓦特表。因变压器空载时阻抗很大，电压表应接在电流表外侧。

2. 变压器外特性测试

为了满足实验装置上三组灯泡负载额定电压为 220 V 的要求，以变压器的低压（36 V）绕组作为原边，220 V 的高压绕组作为副边，即当作一台升压变压器使用。

在保持原边电压 U_1（36 V）不变时，逐次增加灯泡负载（每只灯为 15 W），测定 U_1、U_2、I_1 和 I_2，即可绘出变压器的外特性，即负载特性曲线 $U_2 = f(I_2)$。

三、实验设备

交流电压表	1 块；
交流电流表	1 块；
单相功率表	1 块；
实验变压器（220 V/36 V，50 V·A）	1 台；
自耦调压器	1 台；
白炽灯（220 V，15 W）	5 个。

四、实验内容

① 用交流法判别变压器绕组的极性（参照实验 9 电路图 5.9.2）。

② 按图 5.10.1 线路接线，AX 为变压器低压绕组，ax 为变压器高压绕组，即电源经调压器接至低压绕组，高压绕组接 220 V、15 W 的灯组负载（用 3 只灯泡并联获得），经指导教师检查后方可进行实验。

③ 将调压器手柄置于输出电压为零的位置（逆时针旋到底位置），然后合上电源开关，并调节调压器，使其输出电压等于变压器低压侧的额定电压 36 V，分别测试负载开路及逐次增加负载（最多亮 5 个灯泡），将五个仪表的读数记录于自拟的实验数据表格中，绘制变压器

外特性曲线，实验完毕将调压器调回零位，断开电源。

当负载为 4 个及 5 个灯泡时，变压器已处于超载运行状态，很容易烧坏。因此，测试和记录应尽量快，总共不应超过 3 分钟。实验时，可先将 5 只灯泡并联安装好，断开控制每个灯泡的相应开关，通电且电压调至规定值后，再逐一打开各个灯的开关，并记录仪表读数。待开 5 灯的数据记录完毕后，立即用相应的开关断开各灯。

④ 将高压线圈（副边）开路，确认调压器处在零位后，合上电源，调节调压器输出电压，使 U_1 从零逐次上升到 1.2 倍的额定电压（$1.2 \times 36\,\text{V}$），分别记下各次测得的 U_1、U_{20} 和 I_{10} 数据，将数据记录于自拟的数据表格中，并绘制变压器空载特性曲线。

五、实验注意事项

① 本实验是将变压器作为升压变压器使用，并用调压器提供原边电压 U_1，故使用调压器时应首先调至零位，然后才可合上电源，此外，用电压表监视调压器的输出电压，防止被测变压器输出过高电压而损坏实验设备，且要注意安全，以防高压触电。

② 由负载实验转到空载实验时，要注意及时变更仪表量程。

③ 遇异常情况，应立即断开电源，待处理好故障后，再继续实验。

六、思考题

① 为什么本实验将低压绕组作为原边进行通电实验？此时，在实验过程中应注意什么问题？

② 为什么变压器的励磁参数一定是在空载实验加额定电压的情况下求出？

七、实验报告

① 根据实验内容，自拟数据表格，绘出变压器的外特性和空载特性曲线。

② 根据额定负载时测得的数据，计算变压器的各项参数。

③ 计算变压器的电压调整率 $\Delta U\% = \dfrac{U_{20} - U_{2N}}{U_{20}} \times 100\%$。

实验 5.11　*RLC* 串联谐振电路的研究

一、实验目的

① 学习用实验方法绘制 R、L、C 串联电路的幅频特性曲线。

② 加深理解电路发生谐振的条件、特点，掌握电路品质因数（电路 Q 值）的物理意义及其测定方法。

二、实验原理

1. 串联谐振的条件

RLC 串联电路如图 5.11.1 所示，其输入阻抗为：

$$Z = R + \mathrm{j}\left(\omega L - \frac{1}{\omega C}\right) = |Z| \underline{/\varphi}$$

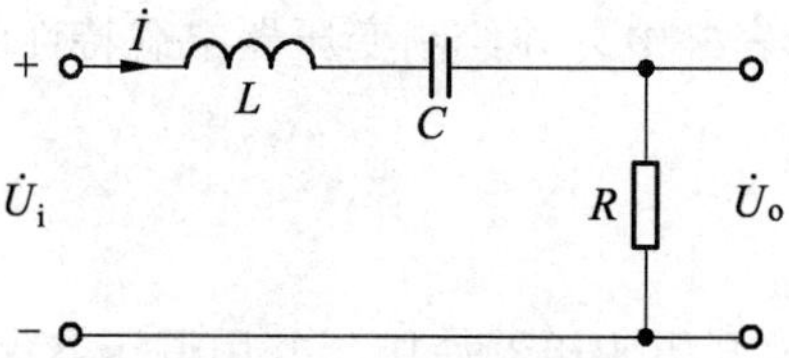

图 5.11.1 RLC 串联电路

显然，Z 与 ω 有关。当 ω 变化时，Z 随之变化。当 ω 变化到某一特定频率 ω_0 时，使得 $\dot{U}_i$ 和 $\dot{I}$ 同相位，这种状态称为谐振。此时

$$\varphi = 0 \quad \text{或} \quad \omega L - \frac{1}{\omega C} = 0$$

即

$$\omega_0 = \frac{1}{\sqrt{LC}} \quad \text{或} \quad f_0 = \frac{1}{2\pi\sqrt{LC}}$$

可见，谐振频率 ω_0（或 f_0）只与电路参数有关。

2. 串联谐振的特点

回路阻抗最小且为电阻性，$Z = R$，且

$$U_L = U_C = QU_i$$

式中，$Q = \dfrac{\omega_0 L}{R} = \dfrac{1}{\omega_0 RC} = \dfrac{1}{R}\sqrt{\dfrac{L}{C}}$ 为电路的品质因数；U_L、U_C、U_i 分别是电感、电容、电源电压有效值。当 $Q \gg 1$ 时，$U_L = U_C \gg U_i$。

3. RLC 串联电路的频率特性

如图 5.11.1 所示的 RLC 串联电路中，当正弦交流信号源的频率 f 改变时，电路中的感抗、容抗随之而变，电路中的电流也随 f 而变。取电阻 R 上的电压 U_o 作为响应，当输入电压 U_i 维持不变时，在不同信号频率的激励下，测出 U_o 之值，然后以 f 为横坐标，以 U_o 为纵坐标，或以 U_o/U_i 为纵坐标（因 U_i 不变，故也可直接以 U_o 为纵坐标），绘出光滑的曲线，此曲线即为幅频特性曲线，也称谐振曲线，如图 5.11.2 所示。

图 5.11.2 中 f_0 为谐振频率，f_1 和 f_2 是失谐时，亦即输出电

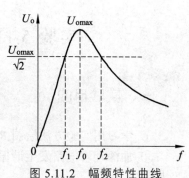

图 5.11.2 幅频特性曲线

压的幅度下降到最大值的$1/\sqrt{2}$（即 0.707）倍时的上、下频率点。

在 $f = f_0 = \dfrac{1}{2\pi\sqrt{LC}}$ 处（$X_L = X_C$），即幅频特性曲线尖峰所在的频率点，该频率为谐振频率，此时电路呈纯阻性，电路阻抗的模最小，在输入电压 U_i 为定值时，电路中的电流达到最大值，且与输入电压 U_i 同相。从理论上讲，此时 $U_i = U_R = U_o$，$U_L = U_C = QU_i$，式中的 Q 称为电路的品质因数。

4. 电路品质因数 Q 值的两种测量方法

方法一：因 $Q = \dfrac{U_{L0}}{U_i} = \dfrac{U_{C0}}{U_i}$，测量 U_{C0}（谐振时电容电压）、U_{L0}（谐振时电感电压），从而计算出 Q 值。

方法二：测量谐振曲线的通频带宽度 $\Delta f = f_2 - f_1$，再根据 $Q = \dfrac{f_0}{f_2 - f_1}$，求出 Q 值。

Q 值越大，曲线越尖锐，通频带越窄，电路的选择性越好，在恒压源供电时，电路的品质因数、选择性与通频带只决定于电路本身的参数，而与信号源无关。

三、实验设备

函数信号发生器	1 台；
双综示波器	1 台；
交流毫伏表	1 块；
谐振电路实验板	1 块。

四、实验内容

① 按图 5.11.3 组成测量电路，调节信号源输出 $U_i = 1\ \text{V}$ 正弦电压信号，并在整个实验过程中保持不变。

② 找出电路的谐振频率 f_0。将交流毫伏表接在电阻 R 两端，令信号源的频率由小逐渐变大（注意要维持信号源的输出幅度不变），当 U_o 的读数为最大时，读得频率计上的频率 f_0 值即为电路的谐振频率，并测量此时的 U_{L0} 与 U_{C0} 之值（注意及时更换毫伏表的量限）。将测试数据记录于实验表 5.11.1 中。

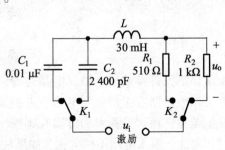

图 5.11.3　谐振电路实验线路图

实验表 5.11.1

元件参数	f_0/kHz	U_0/V	U_{L0}/V	U_{C0}/V	计算	
					I_0/mA	Q
1 kΩ 2 400 pF						
1 kΩ 0.01 μF						

③ 在谐振点两侧，应先测出下限频率 f_1 和上限频率 f_2 及相对应的 U_0 值，然后再逐点测出不同频率下 U_0 值，将测试数据记录于实验表 5.11.2 中。

实验表 5.11.2

元件参数	f_0 =				f_1 =				f_2 =					
	f/kHz	10	13	15	f_1	16	17	f_0	19	21	f_2	23	25	30	40
1 kΩ 2 400 pF U_i = 1 V	U_0/V														
	U_L/V														
	U_C/V														

④ 取 R = 1 kΩ、C = 0.01 μF，重复步骤③的测量过程，将测试数据记录于实验表 5.11.3 中。

实验表 5.11.3

元件参数	f_0 =				f_1 =				f_2 =					
	f/kHz	1	3	5	f_1	7	8	f_0	9.5	10	f_2	14	20	30	40
1 kΩ 0.01 μF U_i = 1 V	U_0/V														
	U_L/V														
	U_C/V														

五、实验注意事项

① 测试频率点的选择应在靠近谐振频率附近多取几点，在变换频率测试前，应调整信号输出幅度（用示波器监视输出幅度），使其维持在 1 V 输出不变。

② 在测量 U_{C0} 和 U_{L0} 数值前，应将毫伏表的量限改大。

六、思考题

① 根据谐振实验线路板给出的元件参数值，估算电路的谐振频率。

② 改变电路的哪些参数可以使电路发生谐振？电路中 R 的数值是否影响谐振频率值？

③ 如何判别电路是否发生谐振？测试谐振点的方案有哪些？

④ 电路发生串联谐振时，为什么输入电压不能太大，如果信号源给出 1 V 的电压，电路谐振时，用交流毫伏表测 U_L 和 U_C 应选择用多大的量限？

七、实验报告

① 在谐振实验中，根据测量数据，绘出不同 Q 值时三条幅频特性曲线，即 $U_0 = f(f)$、$U_L = f(f)$、$U_C = f(f)$。

② 计算出通频带与 Q 值，说明不同 R 值时对电路通频带与品质因数的影响。

③ 谐振时，比较输出电压 U_o 与输入电压 U_i 是否相等？试分析原因。

④ 通过本次实验，总结、归纳串联谐振电路的特性。

实验 5.12　RC 网络频率特性测试

一、实验目的

① 掌握幅频特性和相频特性的测试方法。

② 加深理解常用 RC 网络幅频特性和相频特性的特点。

③ 学会用交流毫伏表和示波器测定 RC 网络的幅频特性和相频特性。

二、实验原理

RC 网络的频率特性可用网络函数来描述。在图 5.12.1 所示的二端口 RC 网络中，若在它的输入端口加频率可变的正弦信号（激励）$\dot{U}_1$，则输出端口有相同频率的正弦输出电压（响应）$\dot{U}_2$。

图 5.12.1　RC 网络

网络的电压传输比为

$$H(\mathrm{j}\omega) = \frac{\dot{U}_2}{\dot{U}_1} = |H(\mathrm{j}\omega)|\,\underline{/\theta(\omega)}$$

幅频特性 $|H(\mathrm{j}\omega)|$ 和相频特性 $\theta(\omega)$ 统称为网络的频率响应（频率特性）。

在实验中，用信号发生器的正弦输出信号作为图 5.12.1 的激励信号，并保持在 U_1 值不变的情况下，改变输入信号的频率 f，用交流毫伏表测出输出端相应于各个频率点下的输出电压 U_2 值，将这些数据画在以频率 f（或 ω）为横轴，$|H(\mathrm{j}\omega)| = U_2/U_1$ 为纵轴的坐标纸上，用一条光滑的曲线连接这些点，该曲线就是上述电路的幅频特性曲线。

将上述电路的输入和输出分别接到双踪示波器的两个输入端,在测量输出电压 U_2 值的同时,观测相应的输入和输出波形间的相位差(采用双迹法),将各个不同频率下的相位差画在以 f(或 ω)为横轴,θ 为纵轴的坐标纸上,用光滑的曲线将这些点连接起来,即是被测电路的相频特性曲线。

1. RC 低通网络

图 5.12.2(a)所示为 RC 低通网络,它的网络函数为

$$H(\mathrm{j}\omega) = \frac{\dot{U}_2}{\dot{U}_1} = \frac{1/\mathrm{j}\omega C}{R + 1/\mathrm{j}\omega C} = \frac{1}{1 + \mathrm{j}\omega RC}$$

$$= \frac{1}{\sqrt{1 + (\omega RC)^2}} \underline{/-\arctan(\omega RC)}$$

式中 $|H(\mathrm{j}\omega)|$ 为幅频特性,显然它随着频率的增高而减小,说明低频信号可以通过,而高频信号被衰减或抑制。

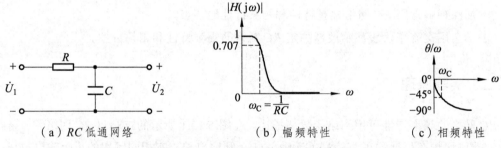

(a)RC 低通网络   (b)幅频特性   (c)相频特性

图 5.12.2 RC 低通网络及其频率特性

当 $\omega = 1/RC$ 时,$\left|H(\mathrm{j}\omega)\right|\big|_{\omega=\frac{1}{RC}} = \frac{1}{\sqrt{2}} = 0.707$,即

$$U_2/U_1 = 0.707$$

通常把 U_2 降低到 $0.707U_1$ 时的角频率 ω 称为截止角频率 ω_c,即 $\omega = \omega_c = \dfrac{1}{RC}$。图 5.12.2(b)、(c)分别为 RC 低通网络的幅频特性曲线和相频特性曲线。

2. RC 高通网络

图 5.12.3(a)所示为 RC 高通网络。它的网络函数为

$$H(\mathrm{j}\omega) = \frac{\dot{U}_2}{\dot{U}_1} = \frac{R}{R + 1/\mathrm{j}\omega C} = \frac{j\omega RC}{1 + j\omega RC}$$

$$= \frac{1}{\sqrt{1 + \dfrac{1}{(\omega RC)^2}}} \underline{/90° - \arctan(\omega RC)}$$

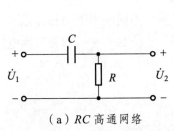

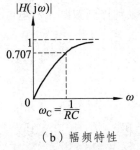

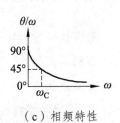

（a）RC 高通网络　　　　　　　（b）幅频特性　　　　　　　（c）相频特性

图 5.12.3　RC 高通网络及其频率特性

可见，$|H(\mathrm{j}\omega)|$ 随着频率的降低而减小，说明高频信号可以通过，低频信号被衰减或被抑制。网络的截止频率仍为 $\omega_{\mathrm{c}}=\dfrac{1}{RC}$，因为 $\omega=\omega_{\mathrm{c}}$ 时，$|H(\mathrm{j}\omega)|=0.707$。它的幅频特性和相频特性分别如图 5.12.3（b）、（c）所示。

3. RC 带通网络（RC 选频网络）

图 5.12.4（a）所示为 RC 选频网络，它的网络函数为

$$H(\mathrm{j}\omega)=\frac{\dot{U}_2}{\dot{U}_1}=\frac{\dfrac{R}{1+\mathrm{j}\omega RC}}{R+\dfrac{1}{\mathrm{j}\omega C}+\dfrac{R}{1+\mathrm{j}\omega RC}}=\frac{1}{3+\mathrm{j}\left(\omega RC-\dfrac{1}{\omega RC}\right)}$$

$$=\frac{1}{\sqrt{3^2+\left(\omega RC-\dfrac{1}{\omega RC}\right)^2}}\underline{\bigg/\arctan\dfrac{\dfrac{1}{\omega RC}-\omega RC}{3}}$$

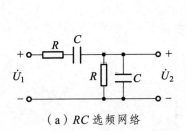

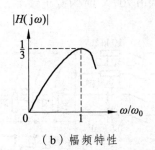

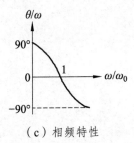

（a）RC 选频网络　　　　　　　（b）幅频特性　　　　　　　（c）相频特性

图 5.12.4　RC 选频网络及其频率特性

显然，当信号频率 $\omega=1/RC$ 时，对应的模 $|H(\mathrm{j}\omega)|=\dfrac{1}{3}$ 为最大，信号频率偏离 $\omega=1/RC$ 越远，信号被衰减和阻塞越厉害。说明该 RC 网络允许以 $\omega=\omega_0=1/RC(\ne0)$ 为中心的一定频率范围（频带）内的信号通过，而衰减或抑制其他频率的信号，即对某一窄带频率的信号具有选频通过的作用，因此，将它称为带通网络，或选频网络，而将 ω_0 称为中心频率。

带通网络的幅频特性和相频特性分别如图 5.12.4（b）、（c）所示。

三、实验设备

低频信号发生器   1 台；

双踪示波器   1 台；

交流毫伏表   1 块；

RC 网络频率特性测试实验板   1 块。

四、实验内容

测试各种 *RC* 网络频率特性的电路如图 5.12.5 所示。

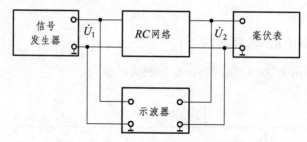

图 5.12.5 *RC* 网络实验电路框图

① *RC* 低通网络的幅频特性与相频特性的测试。*RC* 低通电路原理如图 5.12.2（a）所示。

测试电路如图 5.12.6 所示。电路中参数为 $R = 10\ \text{k}\Omega$，$C = 0.01\ \mu\text{F}$。保持输入正弦电压 $U_1 = 1\ \text{V}$ 不变，频率从 200 Hz 到 10 kHz，在此频率范围内采用逐点法用毫伏表直接测量输出电压的有效值 U_2，并测定 U_2 为 0.707 V 时的截止频率 f_c。将数据记录于实验表 5.12.1 表中。

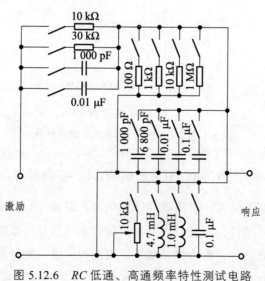

图 5.12.6 *RC* 低通、高通频率特性测试电路

实验表 5.12.1

$R = 10\ \text{k}\Omega$ $C = 0.01\ \mu\text{F}$ $U_1 = 1\ \text{V}$	f/Hz	200	400	600	800	1k	f_c	2k	4k	6k	8k	10k	
	U_2/V												

用示波器观察输入与输出波形，用双迹法测试相应频率的 $\dot{U}_2$ 与 $\dot{U}_1$ 的相位差 φ 。

（ $\varphi = m \times \dfrac{360°}{n}$ ）。将数据记录于实验表 5.12.2 表中。

② RC 高通网络的幅频特性与相频特性的测试。 RC 电路原理图如图 5.12.3（a）所示，

由 R 上输出电压 $\dot{U}_2$ ，测试此电路的幅频特性及相频特性；并测定 U_2 为 0.707 V 时的截止频率 f_c 。将数据记录于实验表 5.12.3 表。用示波器观察输入与输出波形，用双迹法测试相应频率的 $\dot{U}_2$ 与 $\dot{U}_1$ 的相位差。将数据记录于实验表 5.12.4 中。

实验表 5.12.2

$R = 10\ \text{k}\Omega$ $C = 0.01\ \mu\text{F}$ $U_1 = 1\ \text{V}$	f/Hz	200	400	600	800	1k	f_c	2k	4k	6k	8k	10k	
	$n/$格												
	$m/$格												
	$\varphi/°$												

实验表 5.12.3

$C = 0.01\ \mu\text{F}$ $R = 10\ \text{k}\Omega$ $U_1 = 1\ \text{V}$ $f_c =$	f/Hz	200	400	600	800	1k	1.5k	1.7k	2k	4k	6k	8k	10k
	U_2/V												

实验表 5.12.4

$C = 0.01\ \mu\text{F}$ $R = 10\ \text{k}\Omega$ $U_1 = 1\ \text{V}$	f/Hz	200	400	600	800	1k	1.5k	1.7k	2k	4k	6k	8k	10k
	$n/$格												
	$m/$格												
	$\varphi/°$												

③ RC 选频网络的幅频特性和相频特性。 RC 电路原理图如图 5.12.4（a）所示，测试电路如图 5.12.7 所示。电路中参数为 $R = 1\ \text{k}\Omega$ ， $C = 0.1\ \mu\text{F}$ 。调节低频信号源的输出电压为 3 V 的正弦波，改变信号源的频率 f ，并保持 $U_1 = 3\ \text{V}$ 不变，测量输出电压 U_2 ，并测定其中心频率 f_0 。用示波器观察输入与输出波形，用双迹法测试相应频率的 $\dot{U}_2$ 与 $\dot{U}_1$ 的相位差。

将以上各项测试数据分别记录于实验表 5.12.5、5.12.6 中。

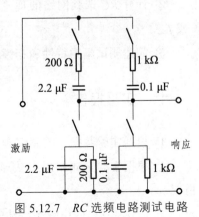

图 5.12.7　RC 选频电路测试电路

实验表 5.12.5

$C = 0.1\ \mu F$ $R = 1\ k\Omega$ $U_1 = 3\ V$ $f_0 =$	f /Hz	100	300	500	700	1k	f_0	3k	4k	6k	9k	11k	16k
	U_2 /V												

实验表 5.12.6

	f /Hz	100	300	500	700	1k	f_0	3k	4k	6k	9k	11k	16k
$C = 0.1\mu F$ $R = 1\ k\Omega$ $U_1 = 3\ V$	n/格												
	m/格												
	φ /°												

五、实验注意事项

① 由于低频信号源内阻的影响，注意在调节输出频率时，应同时调节输出幅度，使实验电路的输入电压保持不变，所以，在改变频率时要用交流毫伏表进行监测信号源的输出电压。

② 信号发生器与交流毫伏表使用过程中，要注意量程的变换与读数，对毫伏表还须进行零点校正。

③ 测试线路的连接，要注意信号电源与测量仪器的共地连接。

④ 测相频特性时，要调节好示波器的聚焦，使线条清晰，以减小读数误差。

六、思考题

① 为使实验能顺利进行，实验前针对本实验有关内容认真阅读相关章节，写好预习报告。

② 计算 RC 选频网络的理论幅频特性，并绘出理论幅频特性曲线。计算出中心频率 ω_0（或 f_0）。

③ 简述测试幅频特性和相频特性时，所用仪器设备连接成测试线路，应特别注意什么？

七、实验报告

① 根据实验数据，绘制幅频特性和相频特性曲线，并与理论计算值比较。

② 根据实验观测结果，从理论上分析在非正弦周期信号激励时，RC 带通网络的响应情况。

③ 简述对 RC 网络频率特性的认识、体会及其工程上的应用。

实验 5.13　三相交流电路电压、电流的测量

一、实验目的

① 掌握三相负载作星形联接、三角形联接的方法，验证这两种接法下线电压与相电压、线电流与相电流之间的关系。

② 充分理解三相四线制供电系统中中线的作用。

③ 研究三相负载在星形联接、三角形联接时，在对称和不对称的情况下线、相电压，线、相电流之间的关系。

④ 学习测定相序的方法。

二、实验原理

1. 三相对称负载作 Y 形联结时

三相负载可接成星形（又称"Y"接法）或三角形（又称"△"接法）。如图 5.13.1 所示，星形负载的相电压、线电压、相电流、线电流均对称，线电压 U_l 是相电压 U_p 的 $\sqrt{3}$ 倍。线电流 I_l 等于相电流 I_p，即

$$U_l = \sqrt{3}U_p \qquad I_l = I_p$$

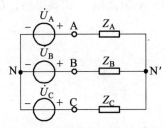

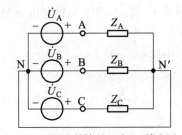

图 5.13.1　星形联结的三相三线制电路　　　图 5.13.2　星形联结的三相四线制电路

若三相星形负载不对称，则负载线电压仍对称，但负载相电流、相电压不再对称，负载线电压、相电压之间的 $\sqrt{3}$ 倍的关系不再成立。

当采用三相四线制时，电路如图 5.13.2 所示，如果三相星形负载对称（称"Y_0"接法），电路的情况和对称的三相三线制相同，即相电压、线电压、相电流、线电流均对称，通过中线的电流为零；若负载不对称，则负载相电压、线电压仍对称，但相电流、线电流不再对称，且中线电流不为零。因此不对称三相负载作 Y 联接时，中线必须牢固联接，以保证三相不对称负载的每相电压维持对称不变。倘若中线断开，会导致三相负载电压的不对称，致使负载轻的那一相的相电压过高，使负载遭受损坏；负载重的一相相电压又过低，使负载不能正常工作。尤其是对于三相照明负载，无条件地一律采用三相四线制接法。

2. 当对称三相负载作△形联接时

电路如图 5.13.3 所示，有

$$U_1 = U_p \qquad I_1 = \sqrt{3}I_p$$

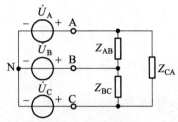

图 5.13.3　三角形联结的三相三线制电路

当不对称负载作△形联接时，线电流不再对称，负载线电流、相电流之间的 $\sqrt{3}$ 倍的关系不再成立。但只要电源的线电压对称，加在三相负载上的电压仍是对称的，对各相负载工作没有影响。

3. 三相电路的相序

三相电源有正序、逆序（负序）、零序三种相序，通常三相电路是正序，即相序为 *A-B-C* 的顺序。实际工作中需要确定相序，即已知是正序系统的情况下，指定某相电源为 *A* 相，判断另外两相哪相为 B 相和 C 相。

图 5.13.4 为相序指示器电路，用以测定三相电源的相序 A-B-C。它是由一个电容器和两个电灯联结成的星形不对称三相负载电路。如果电容器所接的是 *A* 相，则灯光较亮的是 B 相，较暗的是 C 相。（相序是相对的，任何一相均可作 A 相，但 A 相确定后，B 和 C 相也就确定了）。

为了分析简便，设

$$\frac{1}{\omega C} = R_B = R_C = R$$

$$\dot{U}_A = U \underline{/0^\circ}$$

$$\dot{U}_{N'N} = \frac{j\omega C \dot{U}_A + \dot{U}_B / R + \dot{U}_C / R}{j\omega C + 1/R + 1/R} = 0.632U \underline{/108.4^\circ}\, V$$

$$\dot{U}_{BN'} = \dot{U}_{BN} - \dot{U}_{N'N} = U \underline{/-120^\circ} - 0.632U \underline{/108.4^\circ} = 1.5U \underline{/-101.5^\circ}\, V$$

$$\dot{U}_{CN'} = \dot{U}_{CN} - \dot{U}_{N'N} = U \underline{/120^\circ} - 0.632U \underline{/108.4^\circ} = 0.4U \underline{/138.4^\circ}\, V$$

由于 $\dot{U}_{BN'} > \dot{U}_{CN'}$ 故 B 相的灯亮，C 相的灯暗。

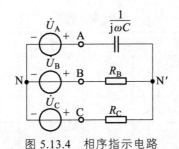

图 5.13.4　相序指示电路

三、实验设备

交流电压表　　　　　　　　　　　1 块；
交流电流表　　　　　　　　　　　1 块；
三相自耦调压器　　　　　　　　　1 台；
三相灯组负载（15 W，220 V 白炽灯）　9 个；
电容器（0.47 μF/450 V）　　　　　1 个。

四、实验内容

① 三相负载星形联接（三相四线制供电）。

按图 5.13.4 接实验电路，即三相灯组负载经三相自耦调压器接通三相对称电源，并将三相调压器的旋柄置于三相电压输出为 0 V 的位置（即逆时针旋转到底的位置），经指导教师检查合格后，方可合上三相电源开关，然后调节调压器的输出，使输出的三相线电压为 220 V，按数据表格所列各项要求分别测量三相负载的线电压、相电压、线电流、相电流、中线电流、电源与负载中点间的电压，将所测数据记录于实验表 5.13.1 中。并观察各相灯组亮暗的变化程度，特别要注意观察中线的作用。

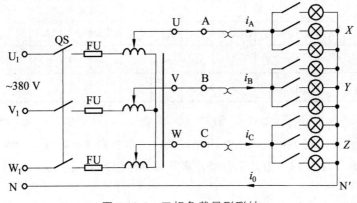

图 5.13.4　三相负载星形联结

电路实验

实验表 5.13.1

测量数据 / 电源线电压 220 V	开灯盏数 A相	B相	C相	线电流/A I_A	I_B	I_C	线电压/V U_{AB}	U_{BC}	U_{CA}	相电压/V U_{AN}	U_{BN}	U_{CN}	中线电流 I_0	中点电压 U_{N0}
Y_0 接对称负载（有中线）	3	3	3											
Y 接对称负载（无中线）	3	3	3											
Y_0 接不对称负载（有中线）	1	2	3											
Y 接不对称负载（无中线）	1	2	3											
Y_0 接 B 相断开（有中线）	1	断	3											
Y 接 B 相断开（无中线）	1	断	3											
Y 接 B 相短路（无中线）	1	短	3											

② 负载三角形联结（三相三线制供电）。

按图 5.13.5 改接实验线路，经教师检查后接通三相电源，调节调压器，使其输出线电压为 220 V，将所测数据记录于实验表 5.13.2 中。

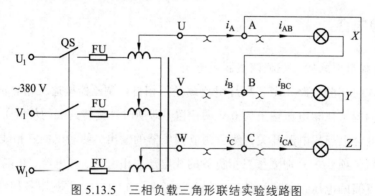

图 5.13.5 三相负载三角形联结实验线路图

实验表 5.13.2

测量数据 / 负载情况	开灯盏数 A-B 相	B-C 相	C-A 相	相电流/A I_{AB}	I_{BC}	I_{CA}	线电流/A I_A	I_B	I_C	线电压 = 相电压/V U_{AB}	U_{BC}	U_{CA}
三相对称负载	3	3	3									
三相不对称负载	1	2	3									

③ 三相交流电源的相序。

按图 5.13.3 接线，取 220 V，15 W 白炽灯两只，电容器（0.47 μF/450 V）一只，经三相调压器接入线电压 220 V 的三相交流电源，观察两只灯泡的明亮状态，判断三相交流电源的相序。

将电源线任意调换两相后再接入电路，观察两只灯泡的明亮状态，判断三相交流电源的相序。

五、实验注意事项

① 本实验采用三相交流电，线电压为 380 V，实验时要注意人身安全，不可触及导电部件，防止意外事故发生。

② 每次接线完毕，同组同学应自查一遍，然后由指导教师检查后，方可接通电源，必须严格遵守先接线，后通电；先断电后拆线的实验操作原则。

③ 星形负载作短路实验时，必须首先断开中线，以免发生短路事故。

六、思考题

① 三相负载根据什么条件作星形或三角形联结？

② 复习三相交流电路有关内容，试分析三相星形联结不对称负载在无中线情况下，当某相负载开路或短路时会出现什么情况？如果接上中线，情况又如何？

③ 本次实验中为什么要通过三相调压器将 380 V 的交流线电压降为 220 V 的线电压使用？

④ 根据电路理论，分析图 5.13.3 检测相序的原理。

七、实验报告

① 用实验测得的数据验证对称三相电路中的 $\sqrt{3}$ 倍的关系。

② 用实验数据和观察到的现象，总结三相四线制供电系统中中线的作用。

③ 不对称三角形联结的负载，能否正常工作？实验是否能证明这一点？

④ 根据不对称负载三角形联结时的相电流值作出相量图，并计算线电流值，然后与实验测得的线电流作比较，分析之。

⑤ 简述实验线路的相序检测原理。

实验 5.14　三相电路功率的测量及功率因数的测量

一、实验目的

① 掌握用一表法、二表法测量三相电路有功功率与无功功率的方法。

② 进一步熟练掌握功率表的接线和使用方法。

③ 熟悉功率因数的测量方法，了解负载性质对功率因数的影响。

二、实验原理

对于三相四线制供电的三相星形联结的负载（即 Y_0 接法），可用一只功率表测量各相的

有功功率 P_A、P_B、P_C，三相功率之和（$\sum P = P_A + P_B + P_C$）即为三相负载的总有功功率值（所谓一表法就是用一只单相功率表去分别测量各相的有功功率）。实验线路如图 5.14.1 所示。若三相负载是对称的，则只需测量一相的功率即可，该相功率乘以 3 即得三相总的有功功率。

对于三相三线制供电系统，不论三相负载是否对称，也不论负载是 Y 接法还是△接法，都可用二表法测量三相负载的总有功功率。测量线路如图 5.14.2 所示。

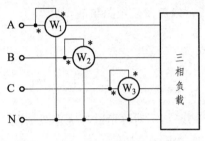
图 5.14.1　三相四线制功率的测量

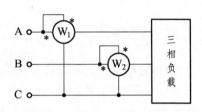
图 5.14.2　二表法测三相电路的功率

若负载为感性或容性，且当相位差 $\varphi > 60°$ 时，线路中的一只功率表指针将反偏（对于数字式功率表将出现负读数），这时应将功率表电流线圈的两个端调换（不能调换电压线圈端），而读数应记为负值。

对于三相三线制供电的三相对称负载，可用一表测得三相负载的总无功功率 Q，测试原理线路如图 5.14.3 所示。

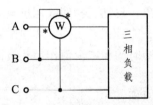
图 5.14.3　一瓦特计法测对称三相电路的无功功率

图示功率表读数的 $\sqrt{3}$ 倍，等于对称三相电路总的无功功率。除了上图给出的一种连接法（I_A、U_{BC}）外，还有另外两种接法，即接成（I_B、U_{AC}）或（I_C、U_{AB}）。

三、实验设备

交流电流表	2 块；
交流电压表	2 块；
单相功率表	2 块；
三相自耦调压器	1 台；
三相灯组负载（15 W，220 V 白炽灯）	9 个；
三相电容负载（1 μF，2.2 μF，4.7 μF/500 V）	各 3。

四、实验内容

1. 用一表法测量三相对称 Y_0 接法以及不对称 Y_0 接法的总功率 $\sum P$

实验线路按图 5.14.4 接线。线路中的电流表和电压表用以监视三相电流和电压，不得超过功率表电压和电流的量限。

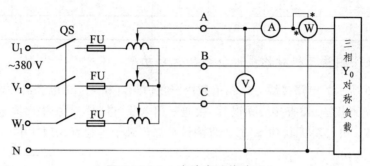

图 5.14.4　一表法实验线路图

经指导教师检查后，接通三相电源，调节调压器输出，使输出线电压为 220 V，将测试数据记录于实验表 5.14.1 中。

实验表 5.14.1

负载情况	开灯盏数			测量数据			计算值
	A 相	B 相	C 相	P_A/W	P_B/W	P_C/W	$\sum P/W$
Y_0 接对称负载	3	3	3				
Y_0 接不对称负载	1	2	3				

2. 用二表法测定三相负载的总功率

① 按图 5.14.5 接线，将三相灯组负载接成 Y 形接法。

经指导教师检查后，接通三相电源，调节调压器输出，使输出线电压为 220 V，将测试数据记录于实验表 5.14.2 中。

② 将三相灯组负载改按 △ 形接法，重复①的测量步骤，将测试数据记录于实验表 5.14.2 中。

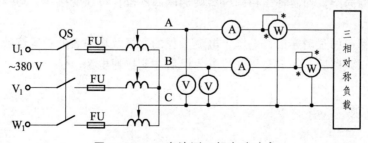

图 5.14.5　二表法测三相有功功率

实验表 5.14.2

负载情况	开灯盏数			测量数据		计算值
	A 相	B 相	C 相	P_1/W	P_2/W	$\sum P$/W
Y 接对称负载	3	3	3			
Y 接不对称负载	1	2	3			
△接对称负载	3	3	3			
△接不对称负载	1	2	3			

3. 用一表法测量三相对称星形负载的无功功率

按图 5.14.6 所示的电路接线。每相负载由三盏白炽灯和 4.7 μF 电容器并联组成,将三相容性负载接成 Y 形接法。检查接线无误后,接通三相电源,将调压器的输出线电压调到 220 V,读取三表的读数,并计算无功功率$\sum Q$,将测试数据记录于实验表 5.14.3 中。

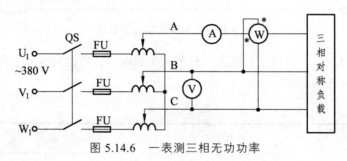

图 5.14.6　一表测三相无功功率

实验表 5.14.3

负载情况	测量数据			计算值
	U/V	I/A	Q/Var	$\sum Q = \sqrt{3}\,Q$
三相对称灯组（每相开 3 盏）				
三相对称电容器（每相 4.7 μF）				
三相对称灯组、三相对称电容器并联负载				

五、实验注意事项

① 每次实验完毕,均需将三相调压器旋柄调回零位,每改变接线,均需断开三相电源,以确保人身安全。

② 注意功率表的正确连接,电压、电流量程的选择及功率表的正确读数。

③ 接好测试线路后,一定要仔细检查无误后才能接通电源。

六、思考题

① 试论证用二表法测三相三线制有功功率等于两功率表示值的代数和。

② 两表法是否既适用于对称三相电路，又适用于不对称三相电路？

③ 测量功率时为什么在线路中通常都接有电流表和电压表？

七、实验报告

① 完成数据表格中的各项测量和计算任务。比较一表法和二表法的测量结果。总结、分析三相电路功率测量的方法与结果，什么情况下用二表法，什么情况下用三表法或一表法？

② 根据实验数据，分析二表法与电路是否对称有无关系。

③ 根据 U、I、P 三表测定的数据，计算出功率因数 $\cos\varphi$，并与 $\cos\varphi$ 的读数比较，分析误差原因。

④ 总结实验中的心得体会。

实验 5.15　一阶 RC 电路响应的研究

一、实验目的

① 测量 RC 一阶电路的零输入响应，零状态响应及全响应。

② 学习电路时间常数的测量方法。

③ 掌握有关微分电路和积分电路的概念。

二、实验原理

在动态电路中如果换路后的电路方程可化为单一网络变量的一阶微分方程，则称这种电路为一阶电路。动态电路时域分析的一般步骤是建立换路后的电路方程，求满足初始条件微分方程的解，即是电路的响应。

1. 一阶 RC 电路时间常数的测量

在图 5.15.1（a）中，若 $u_C(0_-)=0$，$t=0$ 时开关 S 由 2 打向 1，直流电源经 R 向 C 充电，此时，电路的响应为零状态响应。其响应为

$$u_c = U_s(1-e^{-\frac{t}{\tau}})\quad(t\geqslant 0)$$

式中，$\tau = RC$ 为该电路的时间常数。零状态响应曲线如图 5.15.1（b）所示。

若开关 S 在位置 1 时，电路已达稳态，即 $u_C(0_-)=U_s$，在 $t=0$ 时，将开关 S 由 1 打向 2，电容器经 R 放电，此时的电路响应为零输入响应，而 $u_C(0_+)=u_C(0_-)=U_s$，电路的零输入响应为

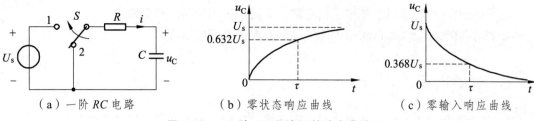

（a）一阶 RC 电路　　　　（b）零状态响应曲线　　　　（c）零输入响应曲线

图 5.15.1　一阶 RC 电路及其响应曲线

$$u_c = U_s \mathrm{e}^{-\frac{t}{\tau}}\ (t \geqslant 0)$$

零输入响应曲线如图 5.15.1（c）所示。

从图中看出，无论是零状态响应还是零输入响应，其响应曲线都是按照指数规律变化的，变化的快慢由时间常数决定，即电路暂态过程的长短由 τ 决定。τ 大，暂态过程长；τ 小，暂态过程短。

时间常数 τ 由电路参数决定，一阶 RC 电路的时间常数 $\tau = RC$，由此计算出 τ 的理论值。

用实验方法测定时间常数时，对于零状态响应曲线，当电容电压 $u_C(t)$ 上升到终值 U_s 的 63.2% 所对应的时间即为一个 τ，如图 5.15.1（b）所示。对于零输入响应曲线，当 $u_C(t)$ 下降到初值 $u_C(0_+)$ 的 36.8% 所对应的时间即为一个 τ，如图 5.15.1（c）所示。用示波器可以观测到响应的动态曲线。

为了能定量测出时间常数 τ，必须使非周期的暂态过程能周期性地在荧光屏上重复出现。因此，就要使电路中的输入信号反复激励，使暂态过程周而复始地重复出现，采用周期方波信号激励就能实现。只要方波的半周期与电路的时间常数保持 5∶1 左右的关系，就可以使非周期的暂态过程在示波器上显示出稳定的波形，如图 5.15.2 所示。方波的上升沿相当于给电路一个阶跃激励，其响应就是零状态响应，下降沿相当于电容具有初始值 $u_C(0_-)$ 时，使电路处于零输入状态，此时电路的响应即为零输入响应。

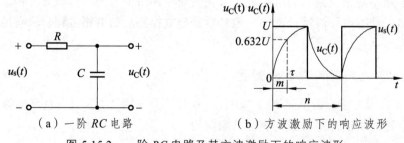

（a）一阶 RC 电路　　　　（b）方波激励下的响应波形

图 5.15.2　一阶 RC 电路及其方波激励下的响应波形

当方波频率 f 确定后，我们可以通过图 5.15.2 所示的响应曲线计算出 τ 的值

$$\tau = m\frac{T}{n}$$

式中，$T = \dfrac{1}{f}$；m 为 $0.632U$ 所对应的时间轴上的格数；n 为周期 T 所对应的时间轴上的格数。

2. 微分电路与响应波形

微分电路取 RC 电路的电阻电压作为输出 u_R，如图 5.15.3（a）所示电路，若时间常数满足 $\tau \ll T/2$，且 $u_R \ll u_C$，则输出电压 u_R 和输入电压 u_s 的微分近似成正比，即

$$u_R = Ri = RC\frac{\mathrm{d}u_c}{\mathrm{d}t} = RC\frac{\mathrm{d}u_s}{\mathrm{d}t}$$

微分电路的输出波形为正负相间的尖脉冲，其输入、输出电压波形的对应关系如图 5.15.3（b）所示。

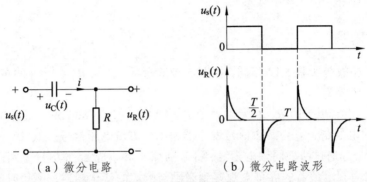

（a）微分电路　　　　　　（b）微分电路波形

图 5.15.3　微分电路及其波形（$\tau \ll T/2$）

微分电路一定要满足 $\tau \ll T/2$ 条件，一般取 $\tau = T/10$。若 R 与 C 已选定，则取输入信号的频率 $f < 1/10\tau$。当输入信号的频率一定时，τ 值越小，脉冲越尖，但其幅度始终是方波幅度的 2 倍（电路处于稳态时）。

3. 积分电路与响应波形

对图 5.15.4（a）所示电路，以电容电压作为输出，若时间常数满足 $\tau \gg T/2$，且 $u_C \ll u_R$，则电容 C 上的压降 u_C 近似地正比于输入电压 u_s 对时间的积分，则该电路就构成了积分电路。即

$$u_C = \frac{1}{C}\int i\mathrm{d}t = \frac{1}{C}\int \frac{u_s}{R}\mathrm{d}t = \frac{1}{RC}\int u_s\mathrm{d}t$$

积分电路的输入、输出波形对应关系如图 5.15.4（b）所示

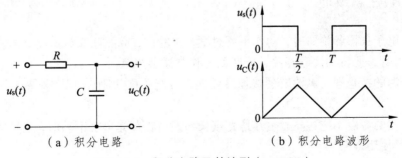

（a）积分电路　　　　　　（b）积分电路波形

图 5.15.4　积分电路及其波形（$\tau \gg T/2$）

积分电路一定要满足 $\tau >> T/2$，一般取 $\tau = 5T$ 即可。若 R 与 C 已选定，则取输入信号的频率 $f > 5/\tau$。当方波的频率一定时，τ 值越大，三角波的线性越好，但其幅度也随之下降。τ 值变小时，波形的幅度随之增大，但其线性将变坏。

三、实验设备

函数信号发生器　　　　1台；
双踪示波器　　　　　　1台；
一阶实验线路板　　　　1块。

四、实验内容

动态电路实验板与实验 5.12 相同，如图 5.12.6 所示，认清 R、C 元件的布局及其标称值，各开关的通断位置等等。

① 选择动态电路板上的 R、C 元件，令 $R = 10\ \text{k}\Omega$　$C = 6\ 800\ \text{pF}$，组成如图 5.15.2（a）所示的 RC 充放电电路。u_s 为函数信号发生器输出的方波电压信号，取 $U_m = 3\ \text{V}$、$f = 1\ \text{kHz}$ 的方波电压信号，并通过两根同轴电缆线，将激励源 u_s 和响应 u_C 的信号分别连至示波器的两个输入口，这时可在示波器的屏幕上观察到激励与响应的变化规律，测量时间常数 τ，并用方格纸按 1：1 的比例描绘 u_s 及 u_C 波形。少量地改变电容值或电阻值，定性观察对响应的影响，记录观察到的现象。

令 $R = 10\ \text{k}\Omega$，$C = 0.01\ \mu\text{F}$，观察并描绘响应的波形，继续增大 C 值，定性观察对响应的影响。

② 选择动态板上的 R、C 元件，组成如图 5.15.3（a）所示的微分电路，令 $R = 1\ \text{k}\Omega$，$C = 0.01\ \mu\text{F}$，在同样的方波激励信号（$U_m = 3\ \text{V}$，$f = 1\ \text{kHz}$）作用下，观测并描绘激励与响应的波形。增加 R 值，定性地观察对响应的影响，并作记录，当 R 增至 $10\ \text{k}\Omega$时，输入、输出波形有何本质上的区别？

③ 选择动态板上的 R、C 元件，组成如图 5.15.4（a）所示的积分电路，令 $R = 10\ \text{k}\Omega$，$C = 0.1\ \mu\text{F}$，在同样的方波激励信号（$U_m = 3\ \text{V}$，$f = 1\ \text{kHz}$）作用下，观测并描绘激励与响应的波形。增加 R 值（$R = 30\ \text{k}\Omega$，$C = 0.1\ \mu\text{F}$）定性地观察对响应的影响。

五、实验注意事项

① 调节电子仪器各旋钮时，动作不要过猛。实验前，应熟读双踪示波器的使用说明，特别是观察波形时，要特别注意开关、旋钮的操作与调节规范。

② 信号源的接地端与示波器的接地端要连在一起（称共地），以防外界干扰而影响测量的准确性。

③ 示波器的辉度不应过亮，尤其是光点长期停留在荧光屏上不动时，应将辉度调暗，以延长示波管的使用寿命。

④ 测时间常数 τ 时，扫描速率微调旋钮要校准。

六、思考题

① 什么样的电信号可作为 RC 一阶电路零输入响应、零状态响应和全响应的激励信号？

② 已知 RC 一阶电路 $R = 10 \text{ k}\Omega$，$C = 0.1 \text{ μF}$，试计算时间常数 τ，并根据 τ 值的物理意义，拟定测量 τ 的方案。

③ 何谓积分电路和微分电路？它们必须具备什么条件？它们在方波序列脉冲的激励下，其输出信号波形的变化规律如何？这两种电路有何作用？

七、实验报告

① 根据实验观测结果，在方格纸上绘出 RC 一阶电路充放电时 u_C 的变化曲线，由曲线测得 τ 值，并与参数值的计算结果作比较，分析误差原因。

② 根据实验观测结果，归纳、总结积分电路和微分电路的形成条件，阐明波形变换的特征。

实验 5.16　二阶 RC 电路响应的研究

一、实验目的

① 学习用实验的方法来研究二阶动态电路的响应，了解电路元件参数对二阶电路响应的影响。

② 观察、分析二阶电路响应的三种状态轨迹及其特点，以加深对二阶电路响应的认识与理解。

二、实验原理

一个二阶电路在方波信号的激励下，可获得零状态响应与零输入响应，其响应的变化轨迹决定于电路的固有频率，调节电路的元件参数值，使电路的固有频率分别为两个不相等的负实数、共轭复数及两个相等的负实数时，可获得过阻尼，欠阻尼和临界阻尼这三种响应波形。

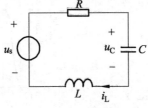

图 5.16.1　RLC 串联电路

简单而典型的二阶电路是一个 RLC 串联电路和 GCL 并联电路，这二者之间存在着对偶关系。电路如图 5.16.1 所示，有

$$LC\frac{\mathrm{d}^2 u_C}{\mathrm{d}t^2} + RC\frac{\mathrm{d}u_C}{\mathrm{d}t} + u_C = u_s$$

初始条件为

$$u_C(0_+) = u_C(0_-) = U_0 , \quad \frac{\mathrm{d}u_C}{\mathrm{d}t}(0_+) = \frac{I_0}{C}$$

式中，U_0、I_0 为电容电压和电感电流初始值。

当激励为零，仅由储能元件的初始能量作用产生的响应为零输入响应。其特征根或固有频率为

$$p_{1,2} = -\frac{R}{2L} \pm \sqrt{\left(\frac{R}{2L}\right)^2 - \frac{1}{LC}}$$

其通解为 $\qquad u_C = K_1 e^{p_1 t} + K_2 e^{p_2 t}$

定义衰减系数 $\alpha = \dfrac{R}{2L}$，谐振角频率 $\omega_0 = \dfrac{1}{\sqrt{LC}}$，则

$$p_{1,2} = -\alpha \pm \sqrt{\alpha^2 - \omega_0^2}$$

当 $\alpha > \omega_0$，即 $R > 2\sqrt{\dfrac{L}{C}}$ 时（特征根是两个不相等的负实根）称为过阻尼情况，这时电路的暂态过程为非震荡的。

当 $\alpha = \omega_0$，即 $R = 2\sqrt{\dfrac{L}{C}}$ 时（特征根是两个相等的负实根）称为临界阻尼情况，这时电路的暂态过程仍为非震荡的。

当 $\alpha < \omega_0$，即 $R < 2\sqrt{\dfrac{L}{C}}$ 时（特征根是一对共轭复根）称为欠阻尼情况，这时电路的暂态过程为震荡的。

用示波器测试响应波形 u_C、i_L 的电路如图 5.16.2 所示。u_s 为直流电压源，r 为电流取样电阻，通过开关 S 的位置转换，即可观察到零状态响应和零输入响应。

对于欠阻尼情况，可以根据响应波形测出衰减系数 α 和震荡角频率 ω_d，其响应波形如图 5.16.3 所示。

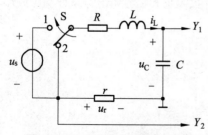

图 5.16.2　示波器观察响应波形

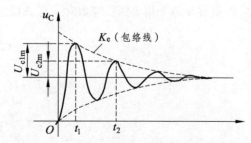

图 5.16.3　欠阻尼情况下的阶跃响应波形

震荡周期　$T_d = t_2 - t_1$

震荡角频率　$\omega_d = 2\pi f_d = \dfrac{2\pi}{T_d}$

衰减系数 α 可由衰减震荡的振幅包络线得出，因

$$U_{c1m} = ke^{-\alpha t_1} , \quad U_{c2m} = ke^{-\alpha t_2}$$

所以　　　　　$\alpha = \dfrac{1}{T_d}\ln\dfrac{U_{c1m}}{U_{c2m}} , \quad \omega_d = \sqrt{\omega_0^2 - \alpha^2}$

因此，从示波器上只要测出 t_1、t_2、$U_{c1\,m}$、$U_{c2\,m}$ 就可以计算出 α 和 ω_d。

　　为了便于在示波器上观测阶跃响应波形，与一阶电路一样，我们可用方波信号来代替阶跃信号，只要方波信号的周期 T 大于或等于 8 倍的 $1/\alpha$ 即可，即

$$T \geqslant 8\,\frac{1}{\alpha} = \frac{16L}{R}$$

　　本实验仅对 GCL 并联电路进行研究，因此根据对偶的关系可以得出 GCL 并联电路的响应波形及 α 和 ω_d 计算方法。

三、实验设备

函数信号发生器　　　1 台；
双踪示波器　　　　　1 台；
二阶实验线路板　　　1 块。

四、实验内容

　　动态电路实验板与实验 5.12 相同，如图 5.12.6 所示，认清 R、C 元件的布局及其标称值，各开关的通断位置等等。

　　利用动态线路板中的元件与开关的配合作用，组成如图 5.16.4 所示的 RLC 并联电路。

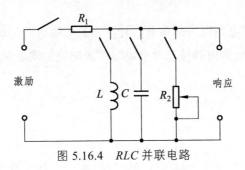

图 5.16.4　RLC 并联电路

　　令 $R_1 = 10\ \text{k}\Omega$，$L = 10\ \text{mH}$，$C = 1\,000\ \text{pF}$，R_2 为 $10\ \text{k}\Omega$ 可调电阻器，令函数信号发生器的输出为 $U_m = 3\ \text{V}$，$f = 1\ \text{kHz}$ 的方波信号，通过同轴电缆线接至图 5.16.4 的激励端，同时用同轴电缆线将激励端和响应输出端接至双踪示波器的 CH1、CH2 两个输入口。

① 调节可变电阻器 R_2 之值，观察二阶电路的零输入响应和零状态响应由过阻尼过渡到临界阻尼，最后过渡到欠阻尼的变化过渡过程，分别定性地描绘、记录响应的典型变化波形。

② 调节 R_2，使示波器荧光屏上呈现稳定的欠阻尼响应波形，定量测定此时电路的衰减常数 α 和振荡频率 ω_d，将测试数据记录于实验表 5.16.1 中。

③ 改变一组电路参数，如增、减 L 或 C 之值，重复步骤②的测量，将测试数据记录于实验表 5.16.1 中。

随后仔细观察，改变电路参数时 α 和 ω_d 的变化趋势，将测试数据记录于实验表 5.16.1 中。

实验表 5.16.1

电路参数 实验次数	元 件 参 数				测 量 值	
	$R_1/\text{k}\Omega$	R_2	L/mH	C	α	ω
1	10	调至 某一次 阻尼状态	10	1 000 pF		
2	10		10	6 800 pF		
3	10		10	0.1 μF		
4	30		10	6 800 pF		
5						
6						

五、实验注意事项

① 在测量 α 和 ω_d 时，为了减小误差，尽量将一个周期内的波形放大。

② 调节 R_2 时，要细心、缓慢，临界阻尼要找准。

六、思考题

① 根据二阶电路实验电路元件的参数，计算出处于临界阻尼状态的 R_2 值。

② 在示波器荧光屏上，如何测得二阶电路零输入响应欠阻尼状态的衰减常数 α 和振荡频率 ω_d？

七、实验报告

① 根据观测结果，在方格纸上描绘二阶电路过阻尼、临界阻尼和欠阻尼的响应波形。

② 测量计算欠阻尼振荡曲线上的 α 和 ω_d。

③ 归纳、总结电路元件参数的改变，对二阶电路响应变化趋势的影响。

实验 5.17　双口网络测试

一、实验目的

① 加深理解双口网络的基本理论。
② 掌握直流双口网络传输参数（T 参数）的测量方法。
③ 加深对等效电路概念的理解。
④ 学习二端口网络的连接（级联）。

二、实验原理说明

对于任何一个无源线性双口网络，我们所关心的往往只是输入端口和输出端口电压与电流间的相互关系，通过实验测定方法求取一个极其简单的等效双口电路来替代原网络，此即为"黑盒理论"的基本内容。

一个双口网络两端口的电压和电流四个变量之间的关系，可以用多种形式的参数方程来表示。而常用的有四种，即 Y 参数、Z 参数、T 参数和 H 参数。

$$\text{Y 参数} \quad \begin{cases} \dot{I}_1 = Y_{11}\dot{U}_1 + Y_{12}\dot{U}_2, \\ \dot{I}_2 = Y_{21}\dot{U}_1 + Y_{22}\dot{U}_2, \end{cases} \qquad \text{Z 参数} \quad \begin{cases} \dot{U}_1 = Z_{11}\dot{I}_1 + Z_{12}\dot{I}_2 \\ \dot{U}_2 = Z_{21}\dot{I}_1 + Z_{22}\dot{I}_2 \end{cases}$$

$$\text{T 参数} \quad \begin{cases} \dot{U}_1 = A\dot{U}_2 + B(-\dot{I}_2), \\ \dot{I}_1 = C\dot{U}_2 + D(-\dot{I}_2), \end{cases} \qquad \text{H 参数} \quad \begin{cases} \dot{U}_1 = H_{11}\dot{I}_1 + H_{12}\dot{U}_2 \\ \dot{I}_2 = H_{21}\dot{I}_1 + H_{22}\dot{U}_2 \end{cases}$$

本实验采用输出端口的电压 $\dot{U}_2$ 和电流 $\dot{I}_2$ 作为变量，以输入端口的电压 $\dot{U}_1$ 和电流 $\dot{I}_1$ 作为应变量，所得的方程称为双口网络的传输方程（T 参数方程），如图 5.17.1 所示的无源线性双口网络的传输方程为

$$\begin{cases} \dot{U}_1 = A\dot{U}_2 + B(-\dot{I}_2) \\ \dot{I}_1 = C\dot{U}_2 + D(-\dot{I}_2) \end{cases}$$

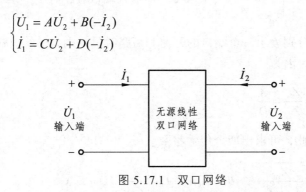

图 5.17.1　双口网络

式中，A、B、C、D 为双口网络的传输参数，其值完全决定于网络的拓扑结构及各支路元件

的参数值，这四个参数表征了该双口网络的基本特性，其参数可以根据方程的定义求得，即：

$$A = \frac{\dot{U}_{10}}{\dot{U}_{20}}\bigg|_{\dot{I}_2=0} \quad （令\ \dot{I}_2=0 ，即输出端口开路时）$$

$$B = \frac{\dot{U}_{1s}}{-\dot{I}_{2s}}\bigg|_{\dot{U}_2=0} \quad （令\ \dot{U}_2=0 ，即输出端口短路时）$$

$$C = \frac{\dot{I}_{10}}{\dot{U}_{20}}\bigg|_{\dot{I}_2=0} \quad （令\ \dot{I}_2=0 ，即输出端口开路时）$$

$$D = \frac{\dot{I}_{1s}}{-\dot{I}_{2s}}\bigg|_{\dot{U}_2=0} \quad （令\ \dot{U}_2=0 ，即输出端口短路时）$$

由上可知，只要在网络的输入端加上直流电压，在两个端口同时测量其电压和电流，即可求出 A、B、C、D 四个参数，此即为双端口同时测量法。

若要测量一条远距离输电线构成的双口网络，采用同时测量法就很不方便，这时可采用分别测量法，即先在输入端口加电压，而将输出端口开路和短路，在输入端口测量电压和电流，由传输方程可得

$$Z_{10} = \frac{\dot{U}_{10}}{\dot{I}_{10}}\bigg|_{\dot{I}_2=0} = \frac{A}{C} \quad （令\ \dot{I}_2=0 ，即输出端口开路时）$$

$$Z_{1s} = \frac{\dot{U}_{1s}}{\dot{I}_{1s}}\bigg|_{\dot{U}_2=0} = \frac{B}{D} \quad （令\ \dot{U}_2=0 ，即输出端口短路时）$$

然后在输出端口加电压测量，而将输入端口开路和短路，此时可得

$$Z_{20} = \frac{\dot{U}_{20}}{\dot{I}_{20}}\bigg|_{\dot{I}_1=0} = \frac{D}{C} \quad （令\ \dot{I}_1=0 ，即输入端口开路时）$$

$$Z_{2s} = \frac{\dot{U}_{2s}}{\dot{I}_{2s}}\bigg|_{\dot{U}_1=0} = \frac{B}{A} \quad （令\ \dot{U}_1=0 ，即输入端口短路时）$$

Z_{10}、Z_{1s}、Z_{20}、Z_{2s} 分别表示一个端口的开路和短路时另一端口的等效输入电阻，这四个参数中有三个是独立的。因为

$$\frac{Z_{10}}{Z_{20}} = \frac{Z_{1s}}{Z_{2s}} = \frac{A}{D}$$

即 $AD-BC=1$，至此，可求出四个传输参数

$$A = \sqrt{\frac{Z_{10}}{Z_{20}-Z_{2s}}} , \quad B = Z_{2s}A , \quad C = \frac{A}{Z_{10}} , \quad D = Z_{20}C$$

双口网络的级联如图 5.17.2 所示。

第五章　电路实验

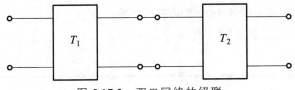

图 5.17.2　双口网络的级联

其中

$$T_1 = \begin{bmatrix} A_1 & B_1 \\ C_1 & D_1 \end{bmatrix} \quad , \quad T_2 = \begin{bmatrix} A_2 & B_2 \\ C_2 & D_2 \end{bmatrix}$$

双口网络的级联后所得的复合双口网络的传输参数为

$$T = T_1 T_2 = \begin{bmatrix} A_1 A_2 + B_1 C_2 & A_1 B_2 + B_1 D_2 \\ C_1 A_2 + D_1 C_2 & C_1 B_2 + D_1 D_2 \end{bmatrix}$$

上式为两双口网络级联后的传输参数与每一个参加级联的双口网络的传输参数之间的关系，因此，级联的等效双口网络的传输参数亦可采用前述的方法之一求得。

三、实验设备

可调直流稳压电源　　　　1 台；
直流数字电压表　　　　　1 块；
直流数字毫安表　　　　　1 块；
双口网络实验电路板　　　1 块。

四、实验内容

双口网络实验线路如图 5.17.3 所示。将直流稳压电源输出电压调至 10 V，作为双口网络的输入。

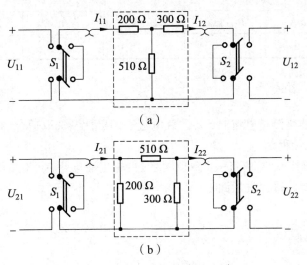

图 5.17.3　双口网络实验电路

- 165 -

① 用同时测量法分别测定两个双口网络的传输参数 A_1、B_1、C_1、D_1 和 A_2、B_2、C_2、D_2，将测试数据分别记录于实验表 5.17.1 和 5.17.2 中。

实验表 5.17.1

双口网络 I	输出端开路 $I_{12}=0$	测 量 值			计 算 值	
		U_{110}/V	$U_{120}（/V$	I_{110}/mA	A_1	B_1
	输出端短路 $U_{12}=0$	U_{11s}/V	I_{11s}/mA	I_{12s}/mA	C_1	D_1

实验表 5.17.2

双口网络 II	输出端开路 $I_{22}=0$	测 量 值			计 算 值	
		U_{210}/V	U_{220}/V	I_{210}/mA	A_2	B_2
	输出端短路 $U_{22}=0$	U_{21s}/V	I_{21s}/mA	I_{22s}/mA	C_2	D_2

② 将两个双口网络级联后，用两端口分别测量法测量级联后等效双口网络的传输参数 A、B、C、D，并验证等效双口网络传输参数与级联的两个双口网络传输参数之间的关系。将测试数据记录于实验表 5.17.3 中。

实验表 5.17.3

输出端开路 $I_2=0$			输出端短路 $U_2=0$			计算传输参数
U_{10}/V	I_{10}/mA	$R_{10}/k\Omega$	U_{1s}/V	I_{1s}/mA	$R_{1s}/k\Omega$	$A=$
						$B=$
输入端开路 $I_1=0$			输入端短路 $U_1=0$			$C=$
U_{20}/V	I_{20}/mA	$R_{20}/k\Omega$	U_{2s}/V	I_{2s}/mA	$R_{2s}/k\Omega$	$D=$

五、实验注意事项

① 用电流插头插座测量电流时，要注意电流表的极性及选取适合的量程（根据电路所给的参数，估算电流表量程）。

② 两个双口网络级联时，应将一个双口网络 I 的输出端与另一个双口网络 II 的输入端相连。

③ 防止稳压电源的输出端短路。

六、预习思考题

① 简述双口网络同时测量法与分别测量法的测量步骤、优缺点及其适用范围。

② 本实验方法可否用于交流双口网络的测定？
③ 双口网络的参数为什么与外加电压和电流无关？

七、实验报告

① 完成对数据表格的测量和计算任务。
② 验证级联后等效双口网络的传输参数与级联的两个双口网络传输参数之间的关系。
③ 从测得的 T 参数判别本实验所研究的网络是否具有互易性？
④ 总结、归纳双口网络的测试技术。

实验 5.18　负阻抗变换器的研究

一、实验目的

① 加深对负阻抗概念的认识，掌握对含有负阻抗电路分析研究方法。
② 了解负阻抗变换器的组成原理及其应用。
③ 掌握负阻抗变换器的各种测试方法。

二、实验原理

负阻抗是电路理论中的一个重要基本概念，在工程实践中有广泛的应用。负阻的产生除某些非线性元件在某个电压或电流的范围内具有负阻特性外，一般都由一个有源双口网络来形成一个等效的线性负阻抗。该网络由线性集成电路或晶体管等元件组成，这样的网络称作负阻抗变换器。

1. 负阻抗变换器的特性和应用

负阻抗变换器（简写 NIC）是双口电路元件，其电路符号如图 5.18.1（a）所示，用 T 参数来描述的端口特性方程为（式中 k 为正的实常数）：

$$\begin{bmatrix} \dot{U}_1 \\ \dot{I}_1 \end{bmatrix} = \begin{bmatrix} 1 & 0 \\ 0 & -k \end{bmatrix} \begin{bmatrix} \dot{U}_2 \\ -\dot{I}_2 \end{bmatrix} \quad \text{称为电流反向型的 NIC（简写 INIC）}$$

或

$$\begin{bmatrix} \dot{U}_1 \\ \dot{I}_1 \end{bmatrix} = \begin{bmatrix} -k & 0 \\ 0 & 1 \end{bmatrix} \begin{bmatrix} \dot{U}_2 \\ -\dot{I}_2 \end{bmatrix} \quad \text{称为电压反向型的 NIC（简写 VNIC）}$$

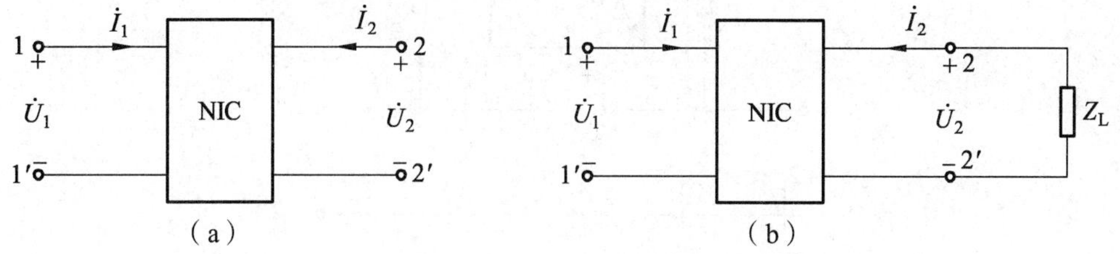

图 5.18.1　负阻抗变换器

在端口 $2-2'$ 接上阻抗 Z_L，如图 5.18.1（b）所示。从端口 $1-1'$ 看进去的输入阻抗 Z_{in}（设 NIC 为电流反向型）

$$Z_{in} = \frac{\dot{U}_1}{\dot{I}_1} = \frac{\dot{U}_2}{k\dot{I}_2} = \frac{-Z_L\dot{I}_2}{k\dot{I}_2} = -\frac{Z_L}{k}$$

即输入阻抗 Z_{in} 是负载阻抗 Z_L 乘以 $\frac{1}{k}$ 的负值，这就是负阻抗变换器的特性，它为电路设计中实现负 R、L、C 提供了可能性。即当端口 $2-2'$ 接上电阻 R、电感 L、电容 C 时，则在端口 $1-1'$ 将变为 $-\frac{1}{k}R$、$-\frac{1}{k}L$ 或 $-kC$。

负阻抗变换器能够起阻抗逆变作用，即实现容性阻抗和感性阻抗的逆变。当负载阻抗 Z_L 为 R 与 C 串联连接时，即 $Z_L = R + \frac{1}{j\omega C}$，并且在其输入端并联电阻 R，则该输入端的等效阻抗为 R 与 "$-Z_L$" 的并联（$k=1$），即

$$Z_{in} = R//(-Z_L) = \frac{R(-Z_L)}{R - Z_L}$$

$$= \frac{R\left(-R - \dfrac{1}{j\omega C}\right)}{R - R - \dfrac{1}{j\omega C}} = \frac{-R^2 - \dfrac{R}{j\omega C}}{-\dfrac{1}{j\omega C}}$$

$$= R + j\omega R^2 C = R + j\omega L$$

因此，在输入端可等效为感性元件，其等效电感 $L = R^2 C$。

同理，若负载 Z_L 为 R 与 L 串联连接，则该电路的输入阻抗 Z_{in} 可等效为容性元件，等效电容 $C = \dfrac{L}{R^2}$。

2. 用运算放大器构成负阻抗变换器

图 5.18.2 所示电路是一个用运算放大器构成的电流反向型负阻抗变换器。在一定的电压、电流范围内可获得良好的线性度。

根据理想运放输入端"虚断"和"虚短"的条件，有

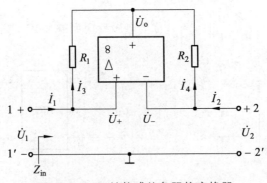

图 5.18.2 运放构成的负阻抗变换器

$$\dot{I}_1 = \dot{I}_3, \quad \dot{I}_2 = \dot{I}_4, \quad \dot{U}_+ = \dot{U}_-$$

即
$$\dot{U}_1 = \dot{U}_2$$

因运放的输出电压

$$\dot{U}_0 = \dot{U}_1 - R_1\dot{I}_3 = \dot{U}_2 - R_2\dot{I}_4$$

所以
$$R_1\dot{I}_3 = R_2\dot{I}_4, \quad \dot{I}_1 = \frac{R_2}{R_1}\dot{I}_2$$

且
$$\dot{I}_2 = -\frac{\dot{U}_2}{Z_L}$$

$$Z_{in} = \frac{\dot{U}_1}{\dot{I}_1} = \frac{\dot{U}_2}{\frac{R_2}{R_1}\dot{I}_2} = -kZ_L$$

式中，$k = \dfrac{R_1}{R_2}$。

在本装置中，$R_1 = R_2 = R$，则 $k = 1$，$Z_{in} = -Z_L$。

三、实验设备

双踪示波器	1 台；
函数信号发生器	1 台；
直流稳压电源	1 台；
直流数字毫安表	1 块；
直流数字电压表	1 块；
交流毫伏表	1 块；
电阻箱（0 ~ 9 999.9 Ω）	1 只；
R、L、C 元件箱	1 个；
负阻抗变换器实验板	1 块。

四、实验内容及步骤

1. 用直流电压表、毫安表测量负电阻阻值。

实验线路如图 5.18.3 所示。其中，U_1 为直流稳压电源，R_L 为可调电阻箱，将 U_1 调至 1.5 V。

等效负电阻的实测值 $R_- = \dfrac{U_1}{I_1}$，理论计算值 $R' = -kR_L = -R_L$。本实验电路中，$k = R_1/R_2 = 1$。

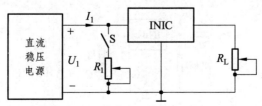

图 5.18.3　负阻变换器实验线路图

① 开关 S 断开，改变可调电阻 R_L 的阻值，测出相应的 U_1、I_1 值，计算负电阻值，将测试数据记录于实验表 5.18.1 中。

② 取 $R_L = 200\,\Omega$，开关 S 合上，接上 R_1，并改变 R_1 阻值，测出相应的 U_1、I_1 值，计算负电阻值，将测试数据记录于实验表 5.18.2 中。

实验表 5.18.1

R_L/Ω		200	300	400	500	600	700	800	900
U_1/V									
I_1/mA									
等效电阻 R/Ω	理论值								
	测量值								

实验表 5.18.2

R_1/Ω		∞	5 k	1 k	700	500	300	150	120
U_1/V									
I_1/mA									
等效电阻 R/Ω	理论值								
	测量值								

2. 用示波器观察正弦激励下负电阻元件上的电压 u_1、电流 i_1 波形

参照图 5.18.4 电路，u_1 接正弦激励源的输出，使其有效值为 1 V，频率为 1 kHz，取 R_1 = 1 kΩ。双踪示波器的公共端接在 0 点，探头 Y_1 接 a 点（采集 u_1 信号），探头 Y_2 接 b 点（采集 i_1 信号，即取 R_1 上的电压，它与电流 i_1 成正比）。观察 u_1、i_1 波形间的相位关系，并记录。

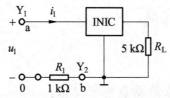

图 5.18.4　观察正弦激励下负电阻元件上的 u_1、i_1 波形

3. 验证用 RC 模拟电感器和用 RL 模拟有损耗电容器的特性

电路如图 5.18.5 所示。

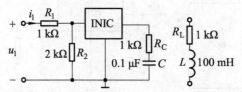

图 5.18.5　用 RC 模拟电感器和用 RL 模拟有损耗电容器的特性

u_1 接正弦激励源的输出，取有效值为 1 V。改变电源频率和 C、L 数值，重复观察输入端 u_1、i_1 的波形，判断电压、电流的相位关系，与原阻抗性质相比较，并记录。

五、实验注意事项

① 信号发生器（电源）的输出，应由小到大调节，不宜过大。否则，运算放大器不能正常工作，甚至损坏，因此，$U_s \leqslant 3$ V。

② 用示波器观测波形时，要考虑接地点的选择。

六、思考题

① 预习实验原理说明的各项内容，列好所需的记录数据表格。

② 线性负阻抗变换器能用无源元件实现吗？

③ 电路中负阻器件是发出功率还是吸收功率？

七、实验报告

① 根据要求整理实验数据、实验波形和计算，并说明。

② 总结对负阻变换器的认识。

③ 对所有实验结果作出正确的解释。

实验 5.19　回转器的研究

一、实验目的

① 了解回转器的基本特性。

② 学习测量回转器的基本参数。

二、实验原理

回转器是一种有源非互易的新型二端口网络元件。

1. 回转器的特性及其应用

图 5.19.1 所示为回转器的电路符号。

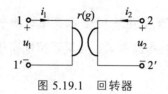

图 5.19.1 回转器

在图示参考方向下，其端口方程为

$$\begin{cases} u_1 = -ri_2 \\ u_2 = ri_1 \end{cases} \quad 或 \quad \begin{cases} i_1 = gu_2 \\ i_2 = -gu_1 \end{cases}$$

式中：r 回转电阻；g 回转电导，且 $r = 1/g$ 。

由上述方程不难证明：

① 回转器不具有互易性；

② 回转器是一个非记忆元件；

③ 回转器能回转 R、L、C 与阻抗 Z。

回转器有把一个端口上的电流"回转"为另一端口上的电压或相反过程的性质。正是由于这一性质，使回转器具有把一个电容（电感）回转为一个电感（电容）的本领。用电容元件来模拟电感器是回转器的主要应用之一，特别是模拟大电感量和低损耗的电感器。

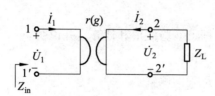

图 5.19.2　回转器的输入阻抗

如图 5.19.2 所示，若回转器电压、电流均为正弦量，输出端口 2 – 2′ 接负载阻抗 Z_L，则从输入端口 1 – 1′ 看进去的等效输入阻抗 Z_{in} 可如下求得

因为
$$\begin{cases} \dot{U}_1 = -r\dot{I}_2 \\ \dot{U}_2 = r\dot{I}_1 \end{cases}$$

其中
$$\dot{I}_2 = -\frac{\dot{U}_2}{Z_L} \qquad \dot{U}_1 = -r\dot{I}_2 = \frac{r\dot{U}_2}{Z_L}$$

所以
$$Z_{in} = \frac{\dot{U}_1}{\dot{I}_1} = \frac{r\dot{U}_2/Z_L}{\dot{U}_2/r} = \frac{r^2}{Z_L}$$

当负载为电容元件时，$Z_L = \dfrac{1}{j\omega C}$，则

$$Z_{in} = \frac{r^2}{\dfrac{1}{j\omega C}} = j\omega r^2 C = j\omega L$$

即通过回转器"回转"后，其等效电感为 $L = r^2 C$。

同理，当负载为电感器时，$Z_L = j\omega L$，其等效电容为 $C = g^2 L$。当负载阻抗为电阻器 R_L 时，$R_{in} = \dfrac{r^2}{R_L}$ 或 $r = \sqrt{R_{in} R_L}$。

2. 用负阻抗变换器实现回转器的方法

回转器可以由晶体管元件或运算放大器等有源器件构成。图 5.19.3 所示电路是回转器电路实验图。

根据负阻抗变换器的特性，3 – 3′端口的输入阻抗 $Z_{33'}$ 是 Z_L 与（$-R$）的并联值，即

$$Z_{33'} = Z_L /\!/ (-R) = \frac{-RZ_L}{Z_L - R}$$

4 – 4′端口的输入阻抗 $Z_{44'}$ 是 $Z_{33'}$ 与 R 的串联值，即

$$Z_{44'} = Z_{33'} + R = \frac{-RZ_L}{Z_L - R} + R$$

同样，1 – 1′端口的输入阻抗 Z_{in} 是（$-Z_{44'}$）与 R 的并联值，即

$$Z_{in} = (-Z_{44'}) /\!/ R = \frac{R^2}{Z_L} = \frac{r^2}{Z_L}$$

可见，所得结果与理想回转器的结果相同，其中回转电阻 $r = R$。

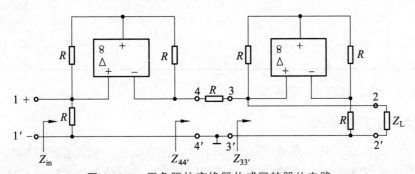

图 5.19.3　用负阻抗变换器构成回转器的电路

三、实验设备

双踪示波器	1 台；
函数信号发生器	1 台；
直流稳压电源	1 台；
直流数字毫安表	1 块；
直流数字电压表	1 块；
交流毫伏表	1 块；
电阻箱（ $0 \sim 9\,999.9\,\Omega$ ）	1 只；
R、L、C 元件箱	1 个；
回转器实验电路板	1 块。

四、实验内容及步骤

1. 测量回转器的回转电导

实验线路如图 5.19.4。

① 回转器的输入端通过 R_s（电流取样电阻）接正弦激励源，电压 $U_s \leqslant 3$ V、$f = 1$ kHz，输出端接可调电阻箱 R_L，用交流毫伏表分别测量不同负载 R_L 下的 U_1、U_2 和 U 值，将测试数据记录于实验表 4.19.1 中，并计算出 I_1、I_2 和回转常数 g。

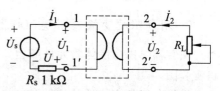

图 5.19.4　回转器的回转电导的测量

实验表 5.19.1

R_L /kΩ	测 量 值			计　算　值				
	U_1/V	U_2/V	U/V	$I_1 = \dfrac{U}{1\text{k}}$ /mA	$I_2 = \dfrac{U_2}{R_L}$ /mA	$g' = \dfrac{I_1}{U_2}$(S)	$g'' = \dfrac{I_2}{U_1}$(S)	$g = \dfrac{g' + g''}{2}$
0.3								
0.5								
0.8								
1.0								
1.5								
2.0								

② 分别改变电源频率及幅值重复测量。

2. 模拟电感器的测试

① 参照图 5.19.4，用电容负载 $C = 0.1$ μF 取代可变电阻 R_L，取正弦激励源电压 $U_s \leqslant 3$ V、$f = 1$ kHz，用示波器观察 u_1、i_1 的波形，判断电压 u_1、电流 i_1 的相位关系，并记录。

② 保持 $U_s \leqslant 3$ V，改变电源频率，用交流毫伏表测量不同频率时的 U_1、U_2 和 U 值，将测试数据记录于实验表 5.19.2 中，计算等效电感 L 值。并用示波器观察 u_1、i_1 的相位关系。

实验表 5.19.2

f/Hz	测 量 值				计　算　值		
	U_1/V	U_2/V	U/V	I_1/mA	$L' = \dfrac{U_1}{\omega I_1}$(H)	$L = \dfrac{C}{g^2}$(H)	$\Delta L = L' - L$(H)
200							
500							
1.0 k							
1.5 k							
2.0 k							

五、实验注意事项

① 信号发生器（电源）的输出，应由小到大调节，不宜过大，否则，运算放大器不能正常工作，甚至损坏。因此，$U_s \leq 3\text{ V}$。

② 用示波器观测波形时，要考虑接地点的选择。

③ 回转器的工作条件是 u_1、i_1 的波形必须是正弦波，为了避免运放进入饱和状态使波形失真，必须减小输入信号电压的幅度，所以在实验过程中，应该用示波器监视回转器输入端口的波形。

六、思考题

① 试比较回转器与理想变压器的特性方程，二者有何差别？若将二个回转器级联，试推导级联后双口网络的特性方程。

② 实验结果是否与理论结果不一致的地方？试分析之？

七、实验报告

① 根据要求整理实验数据、实验波形和计算，并说明。

② 总结对回转器的认识。

③ 对所有实验结果作出正确的解释。

实验 5.20　单相电度表的校验

一、实验目的

① 掌握电度表的接线方法。

② 学会电度表的校验方法。

二、原理说明

电度表是一种感应系仪表，是根据交变磁场在金属中产生感应电流从而产生转矩的基本原理而工作的仪表，主要用于测量交流电路中的电能。它的指示器不能像其他指示仪表的指针一样停留在某一位置，而应能随着电能的不断增大（也就是随着时间的延续）而连续地转动，这样才能随时反映出电能积累的总数值，因此，它的指示器是一个"积算机构"，它是将转动部分通过齿轮传动机构折换为被测电能的数值，由一系列齿轮上的数字直接指示出来。

它的驱动元件是由电压铁芯线圈和电流铁心线圈在空间上、下排列，中间隔以铝制的圆盘，驱动两个铁心线圈的交流电，建立起合成的特殊分布的交变磁场，并穿过铝盘，在铝盘上产生出感应电流，该电流与磁场的相互作用结果产生转动力矩驱使铝盘转动。

铝盘上方装有一个永久磁铁，其作用是对转动的铝盘产生制动力矩，使铝盘转速与负载功率成正比，因此，在某一测量时间内，负载所消耗的电能 W 就与铝盘的转数 n 成正比，即

$$N = \frac{n}{W}$$

式中，比例系数 N 称为电度表常数，常在电度表上标明，其单位是转/1 千瓦小时。

电度表的准确度 a 是指被校验电度表电能测量值 W_x 与标准表指示的实际电能 W_A 之间的相对误差百分数，即

$$a = \frac{W_x - W_A}{W_A} \times 100\%$$

本实验采用功率、秒表法校验电度表的准确度。在此，功率表作为标准表使用。在测量时间 T 内，被测电路实际消耗的电能 $W_x = P \times T$；如在测量时间 T 内铝盘转数为 n，则被校验电度表的电能测量值为

$$W_x = \frac{n}{N}$$

电度表的灵敏度是指在额定电压、额定频率及 $\cos\varphi = 1$ 的条件下，从零开始调节负载电流，测出铝盘开始转动的最小电流值 $I_{\min}$，则仪表的灵敏度表示为

$$S = \frac{I_{\min}}{I_N} \times 100\%$$

式中，I_N 为电度表的额定电流。

电度表的潜动是指负载等于零时，电度表仍出现缓慢转动的情况，按照规定，无负载电流时，外加电压为电度表额定电压的 110%（达 242 V）时，观察铝盘的转动是否超过一周，凡超过一周者，判为潜动不合格的电度表。

三、实验设备

单相功率表	1 块；
电度表	1 块；
交流电压表	1 块；
交流电流表	1 块；
自耦调压器	1 台；
灯组负载（15 W/220 V 白炽灯）	9 个；
可变电阻器（100 kΩ/1W）	1 个；
电阻器（6.2 kΩ）	1 个；
秒　表	1 块。

四、实验内容与步骤

被校电度表的数据：

额定电流 I_N ＝　　　；　额定电压 U_N ＝　　　；　电度表常数 N ＝　　　；　准确度 ＝　　　。

1. 用功率表、秒表法校验电度表的准确度

按图 5.20.1 电路接线，电度表的接线与功率表相同，其电流线圈与负载串联，电压线圈与负载并联。线路中电压表及电流表作监测用。

线路经指导教师检查后，接通电源，将调压器的输出电压调至 220 V，按实验表 5.20.1 中的要求接通灯组负载，用秒表定时记录电度表铝盘的转数。为了计时，数圈数的准确起见，可将电度表铝盘上的一小段红色标记（或黑色）刚出现（或刚结束）时作为秒表计时的开始。此外，为了能记录整数转数，可先预定好转数，待电度表铝盘刚转完此转数时，作为秒表测定时间的终点，将测试数据记录于实验表 5.20.1 中。

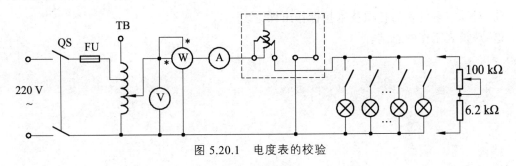

图 5.20.1　电度表的校验

实验表 5.20.1

负载情况	测　量　值					计　算　值			
	U/V	I/A	P/W	测定时间/s	转数/n	测量电能 W_x/kW·h	实际电能 W_A/kW·h	相对误差	电度表常数 N
9×15 W									
6×15 W									

2. 灵敏度的检查

电度表铝盘刚开始转动的电流往往很小，通常只有 $0.5\%I_N$，故将图 5.20.1 中的灯组负载拆除，换接一个 100 kΩ 高阻值的可变电阻器与 6.2 kΩ 的保护电阻相串联，调节可变电阻器阻值（由最大值 100 kΩ 缓慢向下调节），记下使电度表铝盘刚开始转动的最小电流值，然后通过计算求出电度表的灵敏度，并与标称值作比较。

3. 检查电度表的潜动是否合格

此时，只要切断负载，即断开电度表的电流线圈回路，调节调压器的输出电压为额定电压的 110%（即 242 V），仔细观察电度表的铝盘是否转动，一般允许有缓慢地转动，但应在不超过一转的任一点上停止，这样，电度表的潜动为合格，反之则不合格。

五、实验注意事项

① 本实验装置配有一只电度表，采用挂件式结构，实验时，只要将电度表挂在板图指定的位置即可。

② 记录时，同组同学要密切配合，秒表定时、读取转数步调要一致，以确保测量的准确性。

六、预习思考题

① 查找有关资料，了解电度表的结构、原理。

② 电度表接线有哪些错误接法，它们会造成什么后果?

七、实验报告

① 对被校电度表的各项技术指标作出评论。

② 对校表工作的总结。

第六章　综合设计实验

　　本章选编了 6 个包括设计计算、制作组装、调整及测试内容的设计性与综合性实验，其目的在于拓宽知识面，增强工程意识、培养学生的初步设计能力和实际工作能力。这部分实验一般比前面的基本技能实验的层次有所提高，实验内容也较广，要求独立工作性也强。因此，可根据具体的情况和条件从中选做部分实验，对提高自己的知识水平和工程实践能力起着良好的促进作用。

实验 6.1　负阻抗变换器应用电路的设计及测试

一、实验目的

① 学习和了解负阻抗变换器的特性和应用。
② 研究如何用运算放大器构成负阻抗变换器。
③ 设计负阻抗变换器的应用电路，并完成测试过程，培养工程实践能力。

二、实验原理

1. 用运算放大器构成电流反向型负阻抗变换器

电路如图 6.1.1 所示。根据前面章节的分析可知，当 $R_1 = R_2 = R$ 时

$$Z_{in} = -Z_L$$

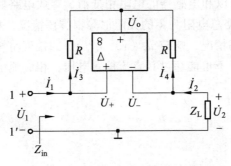

图 6.1.1　电流反向型负阻抗变换器

可见，这个电路的输入阻抗为负载阻抗的负值，也就是说，当负载端接入任意一个无源阻抗元件时，在激励端就等效为一个负的阻抗元件，称为负阻元件。

2. 应用负阻抗变换器构成一个具有负内阻的电压源

电路如图 6.1.2 所示。负载端为等效负内阻电压源的输出端。由于运算放大器的"＋""－"端之间为虚短路，即 $\dot{U}_1 = \dot{U}_2$。由图 6.1.2 中所示的 $\dot{I}_1$ 和 $\dot{I}_2$ 的参考方向及运放的工作原理，有 $\dot{I}_2 = -\dot{I}_1$，故输出电压

$$\dot{U}_2 = \dot{U}_1 = \dot{U}_s - \dot{I}_1 R_1 = \dot{U}_s + \dot{I}_2 R_1$$

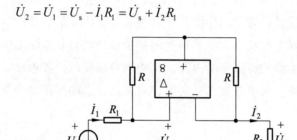

图 6.1.2 具有负内阻的电压源

显然，该电压源的内阻为 $-R_1$，它的输出端电压随输出电流的增加而增加。具有负内阻电压源的等效电路和伏安特性曲线如图 6.1.3（a）、（b）所示。

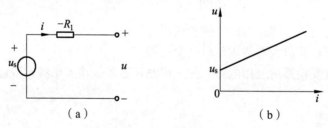

（a）   （b）

图 6.1.3 具有负内阻电压源的等效电路和伏安特性

3. 用负阻抗变换器构成无阻尼等幅振荡电路

在研究二阶动态电路（RLC 串联电路）的方波激励时，响应的类型只能观察到过阻尼、欠阻尼、临界阻尼三种形式。若采用如图 6.1.4（a）所示的具有负内阻的方波电源作为激励，由于电源负内阻（$-R_s$）可以和电感器的电阻相抵消，等效电路如图 6.1.4（b）所示，则响应类型可出现 RLC 串联回路总电阻为零的无阻尼等幅震荡情况；如果电路的总电阻小于零，则会出现负阻尼发散型震荡情况，响应 $u_C(t)$、$i_L(t)$ 的幅度将按指数增长到无穷大，但是实际运算放大器的输出电压不可能超过其直流偏置电压，相应地 $u_C(t)$、$i_L(t)$ 将在某一有限范围内震荡。

三、实验设备

信号发生器　　　　　　1 台；

双踪示波器	1 台;
万用表	1 块;
直流稳压电源	1 台;
电阻箱	1 只;
电容器（5 100 pF）	1 个;
线性电感（20 mH）	1 个。

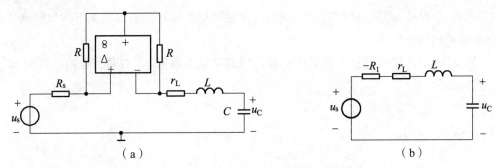

图 6.1.4　含有负电阻的 RLC 电路

四、实验内容

1. 任　务

① 设计一个具有负内阻的电压源，并测试其伏安特性。

② 设计一个无阻尼等幅震荡电路。

③ 要求确定元件，搭接线路、安装及测试上述两个电路是否符合要求。

2. 实验步骤

① 设计实验线路，提出所需仪器设备及器材。在任务①中建议实验采用图 6.1.2 所示的电路，电源 U_s 为 1.5 V，R_s 取 300 Ω，负载 R_L 从 600 Ω 开始增加。在任务②中，建议实验采用图 6.1.4（a）所示的电路，且 u_s 为方波激励，峰值小于 5 V，$f = 1$ kHz，R_s 取 0~25 kΩ，r_L 取 5 kΩ左右。

② 安装与测试。在测试无阻尼振荡电路时，增加 R_s 即相当于减少了 RLC 电路中总电阻值，测试时可先取 $R_s < r_L$，然后逐步增加 R_s，用示波器观察电容器两端电压 u_s 波形。观察响应中出现的过阻尼、临界阻尼、欠阻尼、无阻尼和负阻尼五种情况。

③ 分析测试结果是否符合要求，若不符合，确定修正设计计算或调整电路，重新测试，直至符合为止。

④ 写出实验报告。

五、实验注意事项

① 运算放大器的直流偏置电压不得接错，每次换接外部元件时，必须事先断开供电电源。方波激励电源不得超过 5 V。

② 用示波器观察波形时要考虑接地点的选择。

③ 观察响应中出现的过阻尼、临界阻尼、欠阻尼、无阻尼和负阻尼五种情况时，调节 R_s 要耐心细致。

六、预习思考题

① 在研究 RLC 串联电路的方波响应时，在过阻尼和临界阻尼的情况下，如何确认激励电源仍具有负的内阻值？

② 如果图 6.1.1 中负阻抗变换器中运放两侧的电阻不相等，左右两侧电阻分别为 R_1、R_2，求输入阻抗 Z_{in}。

七、实验报告

① 写出主要设计计算过程和电路图。

② 画出具有负内阻电压源的伏安特性。

③ 描绘二阶电路在五种情况下的 u_C 波形。

④ 简述实验体会。

实验 6.2　移相器的设计与测试

一、实验目的

① 学习设计移相器电路的方法。

② 掌握移相器电路的测试方法。

③ 通过设计、搭接、安装及调试移相器，培养工程实践能力。

二、实验原理

线性时不变网络在正弦信号激励下，其响应电压、电流是与激励信号源同频率的正弦量，响应与频率的关系，即为频率特性。它可用相量形式的网络函数来表示。在电气工程与电子工程中，往往需要在某确定频率的正弦激励信号作用下，获得有一定幅值、输出电压相对于输入电压的相位差在一定范围内连续可调的响应（输出）信号。这可通过调节电路元件参数来实现，通常是采用 RC 移相网络来实现。

图 6.2.1（a）所示 RC 串联电路，设输入正弦信号，其相量 $\dot{U}_1 = U_1\underline{/0°}$ V，则输出信号电压 $\dot{U}_2$ 为

$$\dot{U}_2 = \frac{R}{R+\dfrac{1}{\mathrm{j}\omega C}}\dot{U}_1 = \frac{U_1}{\sqrt{1+\left(\dfrac{1}{\omega RC}\right)^2}}\Bigg\lfloor \arctan\frac{1}{\omega RC}$$

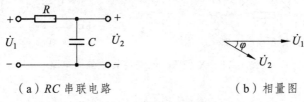

（a）RC 串联电路　　　　　　　（b）相量图

图 6.2.1　RC 串联电路及相量图（Ⅰ）

（a）RC 串联电路　　　　　　　（b）相量图

图 6.2.2　RC 串联电路及相量图（Ⅱ）

其中输出电压有效值 U_2 为

$$U_2 = \frac{U_1}{\sqrt{1+\left(\dfrac{1}{\omega RC}\right)^2}}$$

输出电压的相位 φ_2 为

$$\varphi_2 = \arctan\frac{1}{\omega RC}$$

由上两式可见，当信号源角频率一定时，输出电压的有效值与相位均随电路元件参数的变化而不同。

若电容 C 为一定值，则当 R 从 $0\to\infty$ 变化，相位从 $90°\to0°$ 变化。

另一种 RC 串联电路如图 6.2.2（a）所示，输入正弦信号电压，响应电压为

$$\dot{U}_2 = \frac{\dfrac{1}{\mathrm{j}\omega C}}{R+\dfrac{1}{\mathrm{j}\omega C}}\dot{U}_1 = \frac{U_1}{\sqrt{1+(\omega RC)^2}}\Big\lfloor -\arctan(\omega RC)$$

其中输出电压有效值 U_2 为

$$U_2 = \frac{U_1}{\sqrt{1+(\omega RC)^2}}$$

输出电压相位 φ_2 为

$$\varphi_2 = -\arctan\omega RC$$

同样，输出电压的大小及相位，在输入信号角频率一定时，它们随电路参数的不同而改变。若电容 C 值不变，R 从 $0 \to \infty$ 变化，则相位从 $0° \to -90°$ 变化。

当希望得到输出电压的有效值与输入电压有效值相等，而相对输入电压又有一定相位差的输出电压时，通常是采用图 6.2.3（a）所示 X 型 RC 移相电路来实现。为方便分析，将原电路改画成图 6.2.3（b）所示电路。

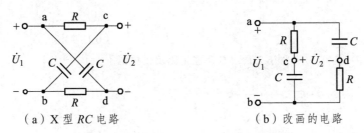

（a）X 型 RC 电路　　　　　　　　（b）改画的电路

图 6.2.3　X 型 RC 电路及其改画的电路

输出电压为

$$\dot{U}_2 = \dot{U}_{cb} - \dot{U}_{db} = \frac{\frac{1}{j\omega C}}{R + \frac{1}{j\omega C}}\dot{U}_1 - \frac{R}{R + \frac{1}{j\omega C}}\dot{U}_1 = \frac{1 - j\omega RC}{1 + j\omega RC}\dot{U}_1$$

$$= \frac{\sqrt{1 + (\omega RC)^2}}{\sqrt{1 + (\omega RC)^2}}U_1 \underline{/-2\arctan\omega RC} = U_1 \underline{/-2\arctan\omega RC}$$

其中 $U_2 = U_1$，$\varphi_2 = -2\arctan\omega RC$。

结果说明，此 X 型 RC 移相电路的输出电压与输入电压大小相等，而当信号源角频率一定时，输出电压的相位可通过改变电路的元件参数来调节。若电容 C 值一定，当电阻 R 值从 $0 \to \infty$ 变化时，则 φ_2 也在 $0 \sim -180°$ 变化。

当 $R = 0$ 时，则 $\varphi_2 = 0°$，输出电压 $\dot{U}_2$ 与输入电压 $\dot{U}_1$ 同相位。

当 $R = \infty$ 时，则 $\varphi_2 = -180°$，输出电压 $\dot{U}_2$ 与输入电压 $\dot{U}_1$ 反相。

当 $0 < R < \infty$ 时，则 φ_2 在 $0°$ 与 $-180°$ 之间取值。

三、实验设备

函数信号发生器	1 台；
双踪示波器	1 台；
交流毫伏表	1 块；
阻抗电桥	1 个。

四、实验内容

1. 任 务

① 设计一个 RC 电路移相器，该移相器输入正弦信号源电压有效值 U_1 = 0.2 V，频率为 2 kHz，由函数信号发生器提供。要求输出电压有效值 U_2 = 0.1 V，输出电压相对于输入电压的相移在 45°～180°范围内连续可调。

② 设计计算元件值、确定元件，搭接线路、安装及测试输出电压的有效值及相对输入电压的相移范围是否满足设计要求。

2. 实验步骤的建议

① 建议采用图 6.2.4 所示的 X 型 RC 移相电路。

② 建议电阻 R 值选用 2 kΩ，确定电容取值范围。

③ 确定测试线路图。

④ 确定测试仪器及安装移相器所需器材。

⑤ 安装与测试。

⑥ 分析测试结果是否符合要求，若不符合，确定修正设计计算或调整电路，重新测试，直至符合为止。

⑦ 写出实验报告。

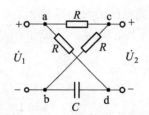

图 6.2.4 X 型 RC 移相电路

五、实验注意事项

在测试时，应注意测试仪器与信号源和被测电路的公共接地端连成共地点。

六、预习思考题

① 理论分析计算图 6.2.4 所示的 X 型 RC 移相电路输出电压 $\dot{U}_2$ 与输入电压 $\dot{U}_1$ 之间的关系。

② 当用函数信号发生器给移相器提供信号源 $\dot{U}_1$，用示波器测试输出电压 $\dot{U}_2$ 与输入电压 $\dot{U}_1$ 的相位差及 $\dot{U}_2$ 的有效值时，如何设计测试电路，才能使示波器的输入端与信号源的输出端及被测电路有公共接地点，进行正常测试？

七、实验报告

① 写出主要设计计算过程。

② 将对制作的移相器测试结果与设计计算结果加以比较，计算误差，分析产生误差的原因。

③ 简述对本实验的认识与体会。

实验 6.3 波形变换器的设计与测试

一、实验目的

① 学习波形变换器设计与制作的方法。

② 掌握微分电路与积分电路的测试方法。

③ 通过设计、制作及测试波形变换器，培养工程实践能力。

二、实验原理

1. 微分电路

在图 6.3.1（a）所示电路中，当电路的时间常数 τ（$\tau = RC$）远小于输入信号 $u_S(t)$ 的周期，且电阻上电压 u_R 远小于电容上电压 u_C，于是有

$$u_R = RC\frac{du_c}{dt} \approx RC\frac{du_S}{dt}$$

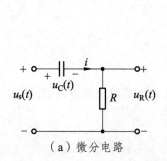

（a）微分电路

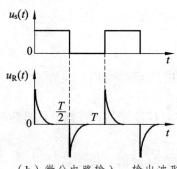

（b）微分电路输入、输出波形

图 6.3.1 微分电路及其波形（$\tau \ll T/2$）

即输出电压与输入电压的微分近似成正比，该电路称为微分电路。图 6.3.1（a）所示一阶电路是一种最简单的微分电路。

在脉冲电路中，微分电路是一种常用的波形变换电路，它可将矩形脉冲（或方波）电压变换成尖脉冲电压波，因此，称微分电路为波形变换器。一阶 RC 微分电路的输入、输出波形如图 6.3.1（b）所示。

在矩形脉冲作用的时间 T_0 内，由于电路时间常数 $\tau << T_0$，电容器充电过程很快就结束，于是充电电流或电阻上电压（即输出电压 u_2）就是一个正向尖脉冲，而在矩形脉冲结束时，输入电压突然跳变至零，电容器放电过程以同样的速度也很快结束，放电电流或电阻上的电压就是一个与正向尖脉冲波形相同的负向尖脉冲。电路的过渡时间极短，电容器上电压波形接近输入的矩形脉冲波，即 $u_C(t) \approx u_S(t)$。

在设计微分电路时，通常使电路的时间常数要满足关系式 $5\tau << T_0$。若取电阻为某一确定值 $R = R_0$，则电容 C 应满足以下关系

$$C \leqslant \frac{T_0}{5R_0}$$

R、C 选得愈小，输出电压愈接近输入电压的微分。

2. 积分电路

在图 6.3.2（a）所示电路中，当电路的时间常数 τ 远大于输入信号持续的时间 T_0，且电容电压远小于电阻上电压，则电容上电压（即输出电压）近似地正比于输入电压 u_S 对时间的积分，即电阻上电压 $u_R \approx u_S$，而

$$u_C = \frac{1}{C}\int i\,dt = \frac{1}{C}\int \frac{u_R}{R}\,dt = \frac{1}{RC}\int u_S\,dt$$

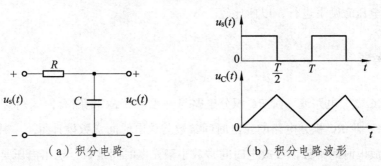

（a）积分电路　　　　　　（b）积分电路波形

图 6.3.2　积分电路及其波形（$\tau >> T/2$）

称此电路为积分电路。图 6.3.2（a）所示一阶 RC 电路是一种最简单的积分电路。

积分电路是另一种常用的波形变换电路，它能将矩形脉冲变换成三角波。在图 6.3.2（a）所示积分电路中，当输入信号 $u_S(t)$ 是宽度为 T_0 的矩形脉冲波时，则从电容器两端输出电压 $u_C(t)$ 为三角波。图 6.3.2（b）是其输入、输出波形。

通常，将积分电路的时间常数设计为大于脉冲宽度的五倍以上，即 $\tau = RC >> 5T_0$

三、实验设备

双踪示波器	1台；
函数信号发生器	1台；
晶体管毫伏表	1块；
有关元件及材料	若干。

四、实验任务

① 设计一个一阶 RC 微分电路，当输入信号频率为 5 kHz、峰-峰值为 2 V 的方波时，观测该电路输入、输出信号波形，并作记录。

建议取 $R = 6$ kΩ，计算电容 C 的取值范围，并选取三个不同的电容值（其中一个不在计算取值范围之内）构成微分电路，分别测试并记录其输入、输出波形。

②设计一个一阶 RC 积分电路，当输入信号频率为 5 kHz、峰-峰值为 2 V 的方波电压时，观测并记录该电路的输入、输出波形。

建议取 $C = 0.01$ μF，计算电阻 R 的取值范围。选取三个不同电阻值（其中一个不在计算范围之内）构成积分电路，分别测试并记录其输入、输出信号波形。

五、实验注意事项

① 先自拟定测试线路，在观测各种波形之前，认真检查测试线路是否正确，能否进行正常测试？

② 观测不同参数的微分电路（或积分电路）的输出信号波形时，应在同样频率和峰-峰值的方波信号电压激励下进行，以便比较。

六、思考题

① 一阶 RC 微分电路或一阶 RC 积分电路与一般一阶 RC 电路有何区别？

② 如果将一阶 RC 积分电路的充电时间常数与放电时间常数设计得不一样，例如，充电时间常数小于放电时间常数，或放电时间常数小于充电时间常数，输出电压是什么波形？

③ 用示波器观测波形时，要得到稳定的波形显示，测试仪器与信号源及被测电路的连接应注意什么？

七、实验报告

① 写出主要设计计算过程。

② 画出测试线路图。

③ 分别将观测到的各种波形变换器的波形描绘在坐标平面内。对于不同参数的同一种波形变换器的输出波形要描绘在同一坐标平面内，比较其结果。

④ 说明微分电路中电容 C 值变化对输出波形的影响及其原因。

⑤ 简述完成本实验的体会与收获。

实验 6.4　补偿分压器的设计与测试

一、实验目的

① 学习补偿分压器的设计与测试方法。
② 熟练使用常用仪器。
③ 培养工程实践能力。

二、实验原理与说明

在许多电子仪器设备中，它的输入级常采用可变衰减器输入电路。例如，放大–检波式晶体管毫伏表的原理结构如图 6.4.1 所示，被测信号电压 u_x 先经衰减电路衰减后再送入交流放大电路放大。衰减电路是用以扩展测量电压范围的，它实际上是一个电阻分压器。但是，由于晶体管毫伏表测量的是音频电压，因此必须考虑存在于电阻分压器上的分布电容对分压比的影响。

图 6.4.1　放大–检波式晶体管毫伏表的原理结构图

图 6.4.2 是一个简单分压器。当开关 K 与 a 闭合时，输出电压 $\dot{U}_2$ 等于输入电压 $\dot{U}_1$，无衰减；当开关 K 与 b 端闭合时，输出电压 $\dot{U}_2$ 与输入电压 $\dot{U}_1$ 的关系为 $\dfrac{\dot{U}_2}{\dot{U}_1} = \dfrac{R}{R+9R} = \dfrac{1}{10}$，即输出电压为输入电压的 1/10。

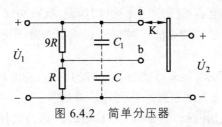

图 6.4.2　简单分压器

当输入电压为音频范围内电压时，必须考虑分布电容的存在。图中用电容 C 表示电阻 R 和触点 b 的引线对地的等效分布电容；用电容 C_1 表示触头 a 与 b 的引线间的等效分布电容。考虑存在分布电容后，开关 K 与 a 端闭合时，分压器的等效输入阻抗 Z_i 为

$$Z_i = \frac{9R\,\dfrac{1}{j\omega C_1}}{9R+\dfrac{1}{j\omega C_1}} + \frac{R\,\dfrac{1}{j\omega C}}{R+\dfrac{1}{j\omega C}}$$

由上式可见，只有在整个音频范围内，分压器的参数与分布电容满足以下两个关系式

$$R \ll \frac{1}{\omega C}, \qquad 9R \ll \frac{1}{\omega C_1}$$

时，输入阻抗 $\quad Z_i \approx 9R + R = 10R$

才不会由于分布电容的存在使晶体管毫伏表的输入阻抗随被测信号角频率而变化。

当开关 K 与 b 端闭合时，输出电压与输入电压的比值 η 为：

$$\eta = \frac{\dot{U}_2}{\dot{U}_1} = \frac{R\dfrac{1}{j\omega C}\Big/\left(R + \dfrac{1}{j\omega C}\right)}{\dfrac{R\dfrac{1}{j\omega C}}{R + \dfrac{1}{j\omega C}} + \dfrac{9R\dfrac{1}{j\omega C_1}}{9R + \dfrac{1}{j\omega C_1}}}$$

显然，由于分布电容的存在，分压比 η 是被测信号角频率 ω 的函数。由上式 η 的表达式得

$$\eta = \frac{\dot{U}_2}{\dot{U}_1} = \frac{R}{R + 9R \times \dfrac{\dfrac{1}{j\omega C_1}}{9R + \dfrac{1}{j\omega C_1}} \times \dfrac{R + \dfrac{1}{j\omega C}}{\dfrac{1}{j\omega C}}}$$

当 $\quad \dfrac{\dfrac{1}{j\omega C_1}}{9R + \dfrac{1}{j\omega C_1}} \times \dfrac{R + \dfrac{1}{j\omega C}}{\dfrac{1}{j\omega C}} = 1$ 时，即当有 $RC = 9RC_1$ 时，则 $\eta = \dfrac{R}{R + 9R} = \dfrac{1}{10}$ ，分压比 η 为实数，与被测信号角频率 ω 无关。

由以上分析可知，调节 C 或 C_1 值可使 $RC = 9RC_1$ 成立，工程上采用在电阻衰减器 $9R$（或 R）两端并联一个半可变电容 C_0，使触头 a 与 b 的引线间的等效电容 C_1' 是分布电容 C_1 与 C_0 并联的等效电容。调节并联电容 C_0 的大小，使 C_1' 满足 $RC = 9R C_1'$。

因此，采用并联半可变电容的方法，可以使衰减器的分压比 η 在音频范围内为与被测信号角频率无关的实数。

电阻分压器电路中用并联电容来补偿分布电容的影响，称此种分压电路为补偿分压电路，也称补偿分压器。当分压比 η 为实数时，达到最佳补偿。

当 $9R C_1' > RC$ 时，则为过补偿；当 $9R C_1' < RC$ 时时，则为欠补偿。

三、实验设备

示波器	1 台；
函数信号发生器	1 台；
晶体管毫伏表	1 块；
阻抗电桥	1 台。

四、实验内容

1. 任　务

① 设计一个补偿分压器,要求在 1 kHz ~ 200 kHz 频率范围内,分压器的分压比 η 为 1/3 ~ 1/30 范围内的一个值,且允许 η 有 ± 3% 的误差。

② 安装并调整补偿分压器,使对补偿分压的测试结果达到设计要求。

2. 实验步骤

① 设计计算,确定元件值,选配元器件。

② 拟定测试方案,设计测试线路,提出所需仪器设备及器材。

③ 安装、调整与测试补偿分压器的分压比值。

五、实验注意事项

① 设计中应考虑测试仪器(示波器或晶体管毫伏表)接入补偿分压器的输出端时,测试仪器的输入电容并联于分压器的输出端所产生的影响。

② 测试中应考虑示波器探头的探极分压比,用分压比为 1：1 的探极测试就不存在此问题。

六、思考题

① 如何调整补偿电容,使分压器得到最佳补偿?

② 推导考虑补偿分布电容及测试仪器的输入电容的影响,分压器得到最佳补偿的关系式。

七、实验报告

① 写出补偿分压器的设计、计算过程及调整过程。

② 画出未补偿时分压器的分压比 η 随被测信号角频率变化的曲线。

③ 简述完成本实验的体会与收获。

实验 6.5　带阻滤波器的设计、制作及测试

一、实验目的

① 学习应用运算放大器构成滤波器的方法;学习滤波器的设计、制作及调试的方法。

② 掌握测试滤波器的幅频特性的方法。

③ 培养工程实践能力。

二、实验原理

1. 双 T 型 RC 网络无源带阻滤波器

图 6.5.1 为双 T 型 RC 网络无源带阻滤波器，它的网络函数为

$$H(\mathrm{j}\omega) = \frac{\dot{U}_2}{\dot{U}_1} = \frac{1}{1 + \mathrm{j}\dfrac{4\omega RC}{1 - (\omega RC)^2}}$$

其幅频特性为

$$\left| H(\mathrm{j}\omega) \right| = \frac{U_2}{U_1} = \frac{1}{\sqrt{1 + \left(\dfrac{4\omega RC}{1 - (\omega RC)^2}\right)^2}}$$

当信号源角频率 $\omega = \omega_0 = \dfrac{1}{RC}$ 时，有 $\left| H(\mathrm{j}\omega_0) \right| = 0$，即该滤波器可滤掉角频率为 $\omega = \omega_0$ 的信号。$\omega_0 = \dfrac{1}{RC}$ 为它的中心频率。

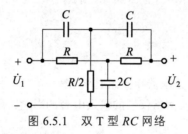

图 6.5.1　双 T 型 RC 网络

2. 双 T 型 RC 网络有源带阻滤波器

图 6.5.2 所示电路为由双 T 型 RC 网络和运算放大器 $A_1 \sim A_3$ 构成的有源带阻滤波器。它的网络函数可如下求得：

由　　　　$\dot{U}_3 = \dfrac{R_4}{R_3 + R_4}\dot{U}_2$

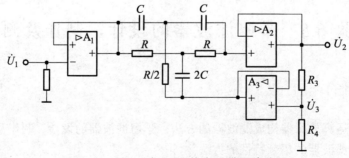

图 6.5.2　双 T 型 RC 网络有源带阻滤波器

根据双 T 型 RC 网络的网络函数，应有

$$\frac{\dot{U}_2 - \dot{U}_3}{\dot{U}_1 - \dot{U}_3} = \frac{1}{1 + j\dfrac{4\omega RC}{1 - (\omega RC)^2}}$$

由以上两式可得图 6.5.2 所示有源滤波器的网络函数

$$H(j\omega) = \frac{\dot{U}_2}{\dot{U}_1} = \left(1 + \frac{R_4}{R_3}\right) \frac{1}{\left(1 + \dfrac{R_4}{R_3}\right) + j\dfrac{4\omega RC}{1 - (\omega RC)^2}}$$

幅频特性

$$|H(j\omega)| = \frac{U_2}{U_1} = \left(1 + \frac{R_4}{R_3}\right) \frac{1}{\sqrt{\left(1 + \dfrac{R_4}{R_3}\right)^2 + \left(\dfrac{4\omega RC}{1 - (\omega RC)^2}\right)^2}}$$

当信号源角频率 $\omega = \omega_0 = 1/RC$ 时，则有

$$|H(j\omega_0)| = \frac{U_2}{U_1} = 0$$

即该滤波器能阻止角频率为 $\omega = \omega_0 = 1/RC$ 的信号通过，所以它是中心频率为 $\omega_0 = 1/RC$ 的有源带阻滤波器。由于有源器件（运算放大器 $A_1 \sim A_3$）构成电压控制型电压源，与无源情况相比，滤波特性得到改善。

工程中，常应用带阻滤波器来滤掉某频率的信号，如设计滤波器的中心频率为 50Hz，就可用它来滤掉 50Hz 电源频率引起的交流信号。

三、实验设备

示波器	1 台；
函数信号发生器	1 台；
晶体管毫伏表	1 块；
直流稳压电源（双路输出）	1 台；
元器件及材料	若干。

四、实验任务

① 按图 6.5.3 搭接线路，制成双 T 型 RC 网络无源带阻滤波器。要求设计该滤波器的中心频率 $f_0 = 50$ Hz。图中 W_1 和 W_2 为两个电位器，用来微调电阻，使该滤波器的中心频率 ω_0 达到设计要求。建议 C_1 选用 47 nF 电容，C_2 用两个 47 nF 电容并联。R_2 选用 68 kΩ电阻。

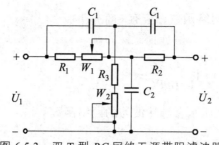

图 6.5.3　双 T 型 RC 网络无源带阻滤波器

② 按图 6.5.2 搭接线路，构成有源带阻滤波器。要求该滤波器的中心频率 $f_0 = 50$ Hz。

图 6.5.2 中双 T 型有源 RC 网络的电路元件参数与图 6.5.3 中所示相同，$A_1 \sim A_3$ 采用通用型集成单运放 LM741。注意运放的正、负偏置电压均为 15 V。

建议 R_3 选用 1.5 kΩ电阻，R_4 选用 8.6 kΩ电阻。

③自拟测试线路，分别测试无源与有源带阻滤波器的幅频特性。

五、实验注意事项

① 改变信号源频率测试幅频特性时，必须始终保持信号源电压大小不变。

② 测试有源带阻滤波器的幅频特性时，应用示波器观察滤波器的输出电压波形，在输出电压波形不失真的条件下测试幅频特性。

六、思考题

① 推导图 6.5.2 所示有源带阻滤波器的网络函数及幅频特性表达式。

② 测试带阻滤波器的幅频特性时，如何选取测试频率点？

③ 测试无源带阻滤波器的幅频特性时，如何调节电位器 W_1 和 W_2。

七、实验报告

① 由测试结果，分别绘制无源、有源带阻滤波器的幅频特性曲线。

② 比较无源与有源带阻滤波器的滤波特性。

③ 简述完成本实验的体会与收获。

实验 6.6　万用表的设计、组装与校准

一、实验目的

① 学会设计、计算万用表各类测量电路；

② 学习万用表电路的组装、调试与校准的方法；

③ 通过实际组装万用表，了解处理实际问题的方法。

二、原理及设计说明

1. 设计、计算时应给出的技术参数和技术指标

例如，微安表头的灵敏度 I_0 及其内阻 r_0，标准档中心电阻 R_n、转换开关 K，等等。

各测量电路的技术要求是：

① 直流电流测量电路。采用闭环抽头转换分流电路，共分 I_1、I_2、I_3、I_4 等量程，由转换开关切换准确度等级。

② 直流电压测量电路。采用并串式分压电路，分 U_1、U_2、U_3、U_4、U_5 等量程，每档电压灵敏度为 m（kΩ/V），由转换开关切换准确度等级。

③ 交流电压测量电路。采用并串式半波整流电路（整流二极管给定 2AP9），分 U_1、U_2、U_3、U_4 等量程，每档电压灵敏度 n（kΩ/V），由转换开关切换准确度等级。

④ 直流电阻测量电路。各档倍率为 ×1、×10、×100、×1k，其中 ×1k 档用 9 V 层叠电池和 1.5 V 干电池串联，由转换开关切换准确度等级。

2. 直流电流测量电路的计算

一只表头只能允许通过小于它的灵敏度（I_0）的电流，否则会烧毁表头，为了扩大被测电流的范围，就要根据所测电流在表头上并联合适的分流电阻，使流过表头的电流为被测电流的一部分，被测电流愈大，分流电阻愈小。

万用表的直流电流挡是多量程的，由转换开关的位置改变量程。通常采用闭环抽头转换式分流电路，如图 6.6.1 所示。因考虑各测量电路共用一个表头，在表头支路中串联可变电阻 W_1（300 Ω）用作校准时使用，另外串联电位器 W_2（850 Ω）作为欧姆档调零时使用。这时表头支路电阻 $r_0' = r_0 + R_{W1} + R_{W2}$，表头灵敏度 I_0（150 μA）仍然不变。

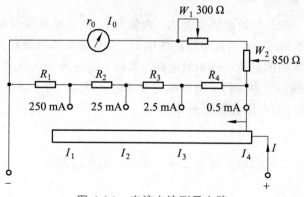

图 6.6.1　直流电流测量电路

分流电阻值计算如下：

设计时应先算出最小量程档（如本设计中为 0.5 mA 挡）的分流电阻，很显然最小量程档

分流电阻为

$$R_{最小} = R_{P4} = R_1 + R_2 + R_3 + R_4 \tag{6.6.1}$$

当在最小量程档（最小量程档电流为 $I_{最小} = I_4$ 时），由分流关系得：

$$I_0 = I_4 \frac{R_{P4}}{R_{P4} + r_0'} = I_4 \frac{R_{P4}}{R_g} \tag{6.6.2}$$

式中，$R_g = R_{P4} + r_0'$ 为环路全电阻。

当在任一量程档时（I_k 为该量程档电流），由分流关系得

$$I_0 = I_k \frac{R_{Pk}}{R_g} \tag{6.6.3}$$

式中，R_{Pk} 为任一量程分流电阻。对任何量程，表头的满偏电流 I_0 是不变的，因此比较式（6.6.2）和式（6.6.3）可得：

$$I_k \frac{R_{Pk}}{R_g} = I_4 \frac{R_{P4}}{R_g}$$

即有

$$R_{Pk} = \frac{I_4}{I_k} R_{P4} \tag{6.6.4}$$

万用表直流电流各档分流电阻值的计算，应根据最小量程档的电流值 $I_{最小}$（$I_{最小} = I_4 = 0.5\ \text{mA}$），先求出 R_{P4}，则可由式（6.6.4）求得任一量程档的 R_{Pk}，再根据 R_{Pk} 即可确定各电阻值，即

$$R_1 = R_{P1}, \quad R_2 = R_{P2} - R_{P1}, \quad R_3 = R_{P3} - R_{P2}, \quad R_4 = R_{P4} - R_{P3}。 \tag{6.6.5}$$

这种测量直流电流电路的优点是，当转换开关接触不良时，被测电流不会流入表头，对表头来说是安全的，因而获得广泛应用。缺点是分流电阻值计算较繁。

3. 直流电压测量电路的计算

根据欧姆定律 $U = IR$，一块灵敏度为 I_0，内阻为 r_0 的表头本身就是一块量限为 U_0 的电压表，但可测量的范围很小。若要测量较高的电压，并且要有多个量程，采用图 6.6.2 所示并串式分压电路，它是常用的直流电压测量电路，实际上是在直流电流测量电路的基础上，串联适当的电阻而组成的。图中保留了电流挡的分流电阻 R_{P4}，为了提高电压表内阻，还串联了电阻 R'，R' 可根据已知电压灵敏度 m 求出。

1）串联电阻 R' 的计算

测量每伏电压所需的内阻值，即为电压灵敏度。用下式表示

$$m_k = \frac{R_{0k}}{U_k}$$

所以有

$$R_{0k} = m_k U_k \tag{6.6.6}$$

式中，m_k 为电压灵敏度，R_{0k} 为 K 挡内阻，U_k 为 K 挡量程 。

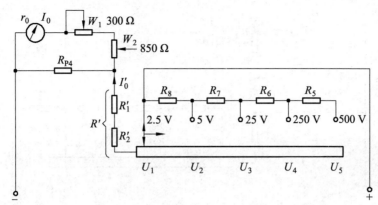

图 6.6.2　直流电压测量电路

U_1 量程档的内阻为

$$R_{01} = m_1 \times U_1$$

而

$$R_{01} = r_0' \mathbin{/\mkern-5mu/} R_{P4} + R' = R_{eq} + R'$$

其中令

$$R_{eq} = r_0' \mathbin{/\mkern-5mu/} R_{P4} = \frac{r_0' \times R_{P4}}{r_0' + R_{P4}}$$

故有串联电阻

$$R' = m_1 \times U_1 - R_{eq} \qquad\qquad (6.6.7)$$

选择 R' 电阻元件时用了两个电阻串联，即 $R' = R_1' + R_2'$，R_1' 为固定值，R_2' 在校准直流电压档时使用。

2）各档内阻值 R_{0k} 与各元件电阻值 R_j 的计算

设量程 U_1、U_2、U_3、U_4、U_5 的内阻分别为 R_{01}、R_{02}、R_{03}、R_{04}、R_{05}，由式（6.6.6）可分别求出各档内阻值，即 $R_{0k} = m_k \times U_k$，而直流电压测量电路中各档的内阻 R_{0k} 与各档串联电阻值 R_j 的关系为

$$R_{02} = R_{01} + R_8, \quad R_{03} = R_{02} + R_7, \quad R_{04} = R_{03} + R_6, \quad R_{05} = R_{04} + R_5。 \qquad (6.6.8)$$

用式（6.6.6）和（6.6.8），结合图 6.6.2 就可计算出各档串联的电阻值 R_5、R_6、R_7、R_8。

4. 交流电压测量电路的计算

现有的万用表表头几乎全部使用磁电系的。磁电系表头不能直接测量交流电，必须先将交流电压经整流电路变换成直流电压，使表头指针偏转，再根据整流后的直流电压与被测正弦交流电压有效值之间的关系，确定被测正弦交流电压的有效值。这种由磁电系表头与整流电路构成的测量交流电压的电表，称为整流系仪表。

图 6.6.3 是串并式半波整流交流电压测量电路。其中 D_1、D_2 是整流二极管；为了提高内阻，串联了电阻 R''；R_8 是直流电压档的分压电阻，在这里可与直流档公用。

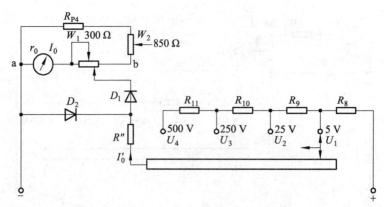

图 6.6.3　串并式半波整流交流电压测量电路

1）串联电阻 R'' 的计算

图 6.6.3 中，U_1 量程档的内阻

$$R_{01} = R'' + R_8 + R_{D1} + R_{ab} \tag{6.6.9}$$

式中，R_{D1} 为二极管正向工作电阻（可查手册得到其值，一般半导体二极管的正向电阻为几百欧左右）；R_{ab} 为考虑半波整流波形影响，ab 两端的等效电阻。

半波整流时，波形因数 k 为

$$k = \frac{I_{eff}}{I_{av}} = 2.22$$

式中，I_{eff} 为正弦电流有效值，I_{av} 为半波整流后的电流平均值。因此

$$R_{ab} = (r_0 + R_{w1}) // (R_{P4} + R_{w2}) \frac{1}{2.22} \tag{5.6.10}$$

由式（6.6.6）又可得 U_1 量程档内阻

$$R_{01} = 电压灵敏度\ n \times 量程\ U_1$$

则　　　　　　$$R'' = (n \times U_1) - (R_{D1} + R_{ab} + R_8) \tag{6.6.11}$$

电位器 W_1 的右边滑动触头是用来在校准时调节表头支路电流的，以提高电压表的准确度。

2）各量程内阻和各元件电阻值的计算

$$U_k 量程档内阻\ R_{0k} = 电压灵敏度\ n \times 量程\ U_k \tag{6.6.12}$$

根据计算出的各量程内阻值 R_{0k}，计算各元件电阻值 R_9、R_{10}、R_{11}。

注意，此电路各档串联电阻值计算结果分别与直流电压各档元件电阻值相等，所以两种测量电路可以共用电阻。

5. 电阻测量电路的计算

用万用表测量电流和电压时，由于被测电路本身已有电流和电压，所以不必另加电源。

但是在测量电阻时，由于被测电阻上没有电流和电压，就需要另加电源，使表头指针能够随着被测电阻的大小作不同程度的偏转。

电阻测量电路如图6.6.4所示。图中 U_1 为9 V层叠电池，U_2 为1.5 V干电池。

1）中心电阻 R_n

设欧姆表直流电源电压为 U_s，当 a、b 两端短路时，调节 R_s 使表头指针达到满偏。由欧姆定律得图6.6.4（a）所示电路中电流 I 为

$$I = \frac{U_s}{R} \tag{6.6.13}$$

且　　　　　　　　$R = R_s + R_{P4} // r_0$

式中，R 为欧姆表内阻。当被测电阻 R_x 接于 a、b 两端，且有 $R_x = R$ 时，则电路中的电流 I 将相应减少为（1/2）I_0。

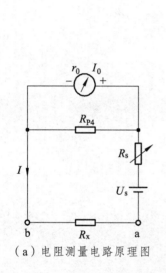

（a）电阻测量电路原理图

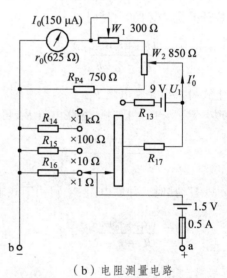

（b）电阻测量电路

图6.6.4　电阻测量电路

表头指针偏转到表盘的中心位置，称此 R 值为欧姆表的中心电阻 R_n。一般设计计算欧姆表电阻是先求出最大量程挡时的中心电阻值，如图6.6.4（b）中先计算出"×1k"档的，其他各挡中心电阻用并联电阻的方法依次降低10倍。根据已给定的"×1"档中心电阻 $R_{n1} = 40\,\Omega$，则"×10"挡中心电阻为 $10R_{n1}$，"×100"挡中心电阻为 $100R_{n1}$，"×1k"档为 $1000R_{n1}$，并由此可计算串联电阻 R_{13}、R_{17} 及各挡并联电阻。

中心电阻对欧姆表是十分重要的一个参数，它确定后，欧姆表的标尺刻度就可确定。欧姆表量程的设计都以中心位置刻度为准，然后分别求出相当于各个被测电阻 R_x 的刻度值。

由上述可知，各挡中心电阻等于该挡内阻值。将转换开关置"×1k"档位置时，欧姆表内阻 R_{1K} 为

$$R_{1k} = R_{13} + r_0'' = 1000R_{n1} = 40\,\text{k}\Omega$$

其中　　　　　　　　$r_0'' = (r_0 + R_{w1} + R_{w2}/2) // (R_{P4} + R_{W2}/2)$

所以 $\qquad R_{13} = 1\,000R_{n1} - r_0''$ $\qquad$ (6.6.14)

此时，表头满偏转电流值（两表笔短路时）I_0' 为

$$I_0' = \frac{U_1 + U_2}{R_{1k}} = \frac{(9+1.5)}{40}(A) \qquad (6.6.15)$$

将转换开关置"$\times 100$"挡位置，并使满偏电流 I_0' 保持不变，则

$$R_{17} + r_0'' = \frac{U_2}{I_0'} = \frac{1.5}{I_0'}$$

串联电阻 $\qquad R_{17} = \frac{U_2}{I_0'} - r_0''$ $\qquad$ (6.6.16)

2）各挡并联电阻计算

转换开关置"$\times 100$"挡时，有

$$\frac{(R_{17} + r_0'') \times R_{14}}{R_{17} + r_0'' + R_{14}} = R_{n100} \qquad (6.6.17)$$

由上式可求出并联电阻 R_{14}。

同理，置"$\times 10$"挡时，并联电阻 R_{15} 可由下式求出：

$$\frac{(R_{17} + r_0'') \times R_{15}}{R_{17} + r_0'' + R_{15}} = R_{n10} \qquad (6.6.18)$$

置"$\times 1$"挡时，并联电阻 R_{16} 可由下式求出：

$$\frac{(R_{17} + r_0'') \times R_{16}}{R_{17} + r_0'' + R_{16}} = R_{n1} \qquad (6.6.19)$$

3）零欧姆调节器 W_2 的计算

欧姆表层叠电池和干电池使用长久后，内阻增大，电压下降，使通过表头支路的电流降低，从而当两表笔短路时，指针达不到指示零欧姆位置（即达不到满偏电流值）。为了使电池电压降低到一定程度仍能保持正常测量，即延长电池使用寿命，在表头支路串接一电位器 W_2 作为零欧姆调节器，使无论新电池或使用一段时间后的旧电池都能保证两表笔短路时指针指示零欧姆位置。按此原则计算 W_2。

设新换上的电池电压较高，如干电池为 1.6 V，层选电池为 9.5 V，此时，欧姆表短路电流将超过表头满偏电流值而较大，应调节电位器 W_2，使它在表头支路中电阻值最大，这样表头支路就不会有超过满偏电流值，而略小于（或等于）满偏电流值。

"$\times 1k$"挡时应有以下关系式：（$r_0' = r_0 + R_{w1} + R_{w2}$）

$$\frac{U_1 + U_2}{R_{P4} /\!/ r_0' + R_{13}} \times \frac{R_{P4}}{R_{P4} + r_0'} \leqslant I_0 \qquad (6.6.20)$$

"$\times 100$""$\times 10$""$\times 1$"挡时，应有

$$\frac{U_2}{R_{P4} /\!/ r_0' + R_{17}} \times \frac{R_{P4}}{R_{P4} + r_0'} \leqslant I_0 \tag{6.6.21}$$

当电池使用时间长久后，电压下降，两表笔短路时电流变小，指针偏转不到零欧姆位置，此时，应将电位器 W_2 的电阻值调至在表头支路中最小（或等于零），使表头中电流略大于（或等于）灵敏度电流 I_0，这时干电池可按 1.35 V、层迭电池可按 8.5 V 计算。表头支路电流应有以下关系：

"×1k" 挡时，应有

$$\frac{U_1 + U_2}{(r_0 + R_{W1}) /\!/ (R_{P4} + R_{W2}) + R_{13}} \times \frac{R_{P4} + R_{W2}}{R_{P4} + r_0'} \geqslant I_0 \tag{6.6.22}$$

"×100" "×10" "×1" 挡时，应有

$$\frac{U_2}{(r_0 + R_{W1}) /\!/ (R_{P4} + R_{W2}) + R_{17}} \times \frac{R_{P4} + R_{W2}}{R_{P4} + r_0'} \geqslant I_0 \tag{6.6.23}$$

当满足式（6.6.20）~（6.6.23）时，说明干电池在 1.35 V ~ 1.6 V、层迭电池在 8.5 V ~ 9.5 V 内变化，通过调节零欧姆调节器可使表笔短路时，指针能偏转到零欧姆位置，从而保证测量准确度。

三、实验设备

直流稳压电源（双路）	1 台；
万用表	1 块；
自耦调压变压器	1 台；
万能电桥	1 台；
电阻箱	1 只；
电位器（4.7 kΩ、10 kΩ）	各 1 只；
组装零件	一套；
工具	一套。

四、实验内容

1. 实验原理与预习要求

阅读本实验中万用表的原理及设计说明，并根据本实验所给技术指标完成设计。

2. 设计要求

已知如下参数：
① 表头灵敏度 $I_0 = 150\ \mu A$；
② 表头内阻 r_0（自己给定或实验室给定）；

③ 中心电阻 $R_{n1} = 40\ \Omega$；

④ $U_1 = 9\ V$（层叠电池），$U_2 = 1.5\ V$（一节一号干电池）；

⑤ 转换开关 K（多档级或单层三刀多掷转换开关）。

设计技术指标如下：

① 直流电流测量电路。选择图 6.6.1 所示闭环分流式电路，量程为 0.5 mA、2.5 mA、25 mA、250 mA 四挡，由转换开关切换，要求准确度等级为 2.5 级。

② 直流电压测量电路。选择图 6.6.2 所示并串式分压电路，量程为 2.5 V、5 V、25 V、250 V、500 V 共五挡，由转换开关切换，要求准确度等级为 5 级，电压灵敏度 $m = 2\ k\Omega/V$。

③ 交流电压测量电路。选择图 6.6.3 所示并串式半波整流电路，量程为 5 V、25 V、250 V、500 V 共四挡，由转换开关切换，准确度等级为 5 级，电压灵敏度 $n = 2\ k\Omega/V$。

④ 直流电阻测量电路。选择图 6.6.4（b）所示测量电路，中心电阻 $R_{n1} = 40\ \Omega$，准确度为 2.5 级，分"×1k""×100""×10""×1"四档，由转换开关切换。

3. 实验步骤

1）检查测定给定的磁电系表头灵敏度 I_0、电阻 r_0

本设计给定 $I_0 = 150\ \mu A$、$r_0 = 625\ \Omega$。检查测量灵敏度电流 I_0 可通过图 6.6.5 电路实现。调节电位器 R_w 使被测表头 A 指示到满偏值，则标准电流表 A′ 的读数即为被测表头 A 的灵敏度电流 I_0（A′ 的灵敏度电流为 200 μA）。

注意，测量时先将电位器 R_w 的阻值调到最大，然后再接通电源进行测量，否则将烧坏表头。

由于所用表头允许通过的电流很小，因此，不能用万用表欧姆挡直接测量表头内阻，否则会使通过表头的电流超过满偏电流值 I_0，偏转太大使表针损坏。按图 6.6.6 电路测量表头内阻 r_0。图中 A 为被测微安表头，A′ 为标准表头，r 为保护表头用的限流电阻，R_w 为电位器，R_A 为电阻箱。

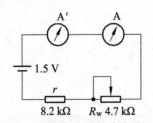
图 6.6.5　测量表头灵敏度电流 I_0 电路

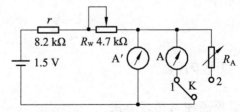
图 6.6.6　测量表头内阻 r_0 电路

测量时先将 K 与 1 端闭合，调节 R_w 使 A′ 指示一适当值，记下此数值 I_m，然后将 K 合到 2 端，调节 R_A 使 A′ 指示仍为原来的数值 I_m，此时电阻箱的值便是被测表头 A 的内阻 r_0（A′ 可用万用表直流电流 500 μA 挡）。

2）选择电路

本实验采用图 6.6.7 所示万用表总体设计图。

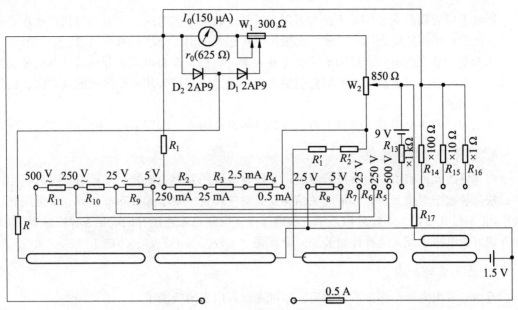

图 6.6.7　万用表总体设计图

3）各挡电阻值的计算与选配电阻

参照实验原理部分，将 $R_1 \sim R_4$、R'（R'_1、R'_2）、$R_5 \sim R_8$、R''、$R_8 \sim R_{11}$、$R_{13} \sim R_{17}$ 算出。并记录于实验表 6.6.1 中，然后选配电阻元件。

选配电阻时，应考虑电阻的类型、阻值和额定功率等因素。除此之外，还要考虑各测量电路之间的配合。对不同测量电路中阻值相同的元件可以考虑公用，这样既能节省电阻元件，又能使电路简化。

装配万用表电压挡的电路，一般采用碳膜电阻或金属膜电阻即可。后者电阻值的准确度高，由于通过电流都较小，所以额定功率可选用 1/8 W ~ 1/2 W。

实验表 6.6.1

电阻 \ 阻值	R_1	R_2	R_3	R_4	R_5	R_6	R_7	R_8	R'_1	R'_2
计算值										
选配值（校准值）										

电阻 \ 阻值	R''	R_8	R_9	R_{10}	R_{11}	R_{13}	R_{14}	R_{15}	R_{16}	R_{17}
计算值										
选配值（校准值）										

万用表电流挡电路中的电阻，其中有的阻值很小，流过的电流又较大，可选瓦数较大的绕线电阻或自行绕制。

电路实验

所装万用表质量的好坏，不仅与万用表设计、装配工艺有关，而且与阻值准确度有很大关系，所以不能用欧姆表选择电阻，必须用电桥选择电阻，要求误差不超过 1% ~ 2%。

实验室所给出的电阻，已考虑了上述各因素，我们只需将电阻搭配成与计算值相符的阻值即可，搭配方法可灵活选用不同阻值的电阻串联、并联或采用碳膜电阻的刮膜法，以便选出合适的阻值。

将选配好的各电阻元件值标在万用表的总体设计图中，即图 6.6.7 中。

4）万用表的焊接组装

将选好的元件阻值用电桥进行测量，二极管极性用万用表欧姆"×1k"挡判别。

根据装配图焊接元件，弄清开关结构及其对应位置，要求元件布放整齐，焊点美观，焊接牢固（不得有虚焊）。焊好后用万用表欧姆挡检查电路是否连接有误或是否存在虚焊（假焊）。并将焊好的电路板及其他部件组装到一个外壳中（外壳与表头是一体的）。

5）万用表的校准

万用表装配完毕，并基本导通后，即可进行万用表的校准了。

① 直流电流测量电路的校准。要求校准 0.5 mA、2.5 mA、25 mA 三挡的满度值。校准电路如图 6.6.8 所示。图中 A′ 为标准直流电流表，A 为被校直流电流挡，R_0 为限流电阻，R_W 为电位器。校准时，调节电位器 R_W，分别读出标准表 A′ 与被校表 A 的电流值。整个量程范围内至少取 5 个点进行测量，分别计算出各点的绝对误差，满度相对误差 γ_n

$$\gamma_n = \frac{I - I'}{I_m} \times 100\%$$

式中，I 为被校表示值；I' 为标准表示值；I_m 为被校表量程。

确定仪表的准确度等级与设计指标比较是否达到要求。如未达到要求，则调节可变电阻 R_W 重新校准，直至达到要求。

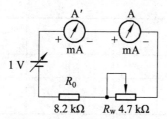

图 6.6.8　直流电流挡校准电路

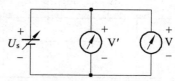

图 6.6.9　直流电压挡校准电路

② 直流电压测量电路的校准。校准直流电压 2.5 V、5 V 挡的准确度等级。校准电路如图 6.6.9 所示。图中 V′ 为标准直流电压表，V 为被校直流电压挡，U_s 为可调直流稳压电源。校准要求与直流电流挡相同。

③ 交流电压测量电路的校准。校准交流电压 25 V、250 V 挡的准确度等级。校准电路如图 6.6.10 所示。图中 V′ 为标准交流电压表，V 为被校交流电压挡，校准时只要调节变压器输出电压值为所需值，比较两个电压表的读数，即可求得被校表 V 与标准表 V′ 的绝对误差、满度相对误差。校准要求与校准直流电流挡相同。

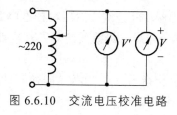

图 6.6.10 交流电压校准电路

图 6.6.11 欧姆挡校准电路

直流电流表、直流电压表、交流电压表校准前后的满度相对误差 γ_n 均记录于实验表 6.6.2 中。

④ 电阻测量电路的校准是对各挡中心电阻进行校准。电路如图 6.6.11 所示。图中 R 为电阻箱，Ω 为被校欧姆表。

校准方法是，在每挡校准前先调零（即将两表笔短接，调节零欧姆调节器，使指针指示零欧姆位置），然后以标准电阻箱作为测量标准进行比较。

实验表 6.6.2

参数 \ 量程	0.5 mA	2.5 mA	25 mA	2.5 V	5 V	~ 25 V	~ 250 V
标准值							
校准前指示值							
校准前 γ_n							
校准后指示值							
校准后 γ_n							

通常先从最大量程挡开始，例如"×1k"挡的中心电阻标准值为 40 kΩ，将标准电阻箱调至 40 kΩ，用欧姆挡"×1k"测量其电阻值，观测欧姆表指针是否指示 40 kΩ，记下其差值的弧长，一般计算欧姆挡相对误差公式

$$\gamma_\Omega = \frac{l - l'}{l'} \times 100\%$$

式中，l 为被校表示值弧长；l' 为标准表示值弧长。

若误差超过要求范围，可调节串联电阻 R_{13}。对"×100""×10""×1"挡可调节 R_{17} 来达到要求。将校准前后的误差记录于实验表 6.6.3 中。

实验表 6.6.3

参数 \ 量程	标准表示值弧长 l'	被校表示值弧长 l	校准前 γ_Ω	校准前 γ_Ω
"×1k"				
"×100"				

五、实验注意事项

① 焊接调零电位器的三个接线端时，一定注意不能短路，否则各测量电路全都受到影响，使校准工作不能进行。

② 校准各挡电路之前，收拾干净实验桌上杂乱元器件及连线，然后将校准电路接好，摆放整齐，便于操作和读数。千万避免杂乱元器件及剩余连线、焊锡残渣等留在电路板中引起短路现象。

③ 使用交流调压器时要注意安全，先将调压器手轮指示置于"0 V（即逆时针转到底）"，接好电路后再将电源接通，将手轮顺时针慢慢匀速转到所需电压位置。

六、思考题

① 为什么设计计算万用表直流电流测量电路时，先从小量程开始，而设计电阻电路时却从大量程开始？

② 根据直流电压表的电压灵敏度的数值，是否可以求出所用表头的灵敏度？

③ 在万用表交流电压测量电路中采用的半波整流电路中的两只二极管 D_1、D_2 的作用是什么？

④ 万用表交流测量电路小量程 5 V 挡的标尺为什么要单独刻度？

⑤ 为什么使用欧姆表时每次测量前都要将表笔短路调节"零欧姆调节器"使指针指示零欧姆位置？

⑥ 如何根据各挡中心阻值，估算各挡满偏电流值？

七、报告要求

① 简明扼要写出万用表各种测量电路设计计算过程、元件选择结果，并将计算、选择结果填入有关表中。

② 绘出万用表总体原理电路图，并标出各元件参数。

③ 记录各测量电路校准结果于有关表格中，分析误差产生的原因。

④ 回答思考题。

⑤ 简述做本实验的收获、体会和建议。

第七章 电路实验装置

第一节 TT-DGJ-1 型高性能电工实验装置简介

一、技术参数

① 输入电源：三相四线 ~（380±10%）V，50 Hz。

② 工作环境：温度 – 10 °C ~ + 40 °C，相对湿度 < 85%（25 °C），海拔 < 4 000 m。

③ 装置容量：< 1.5 kV·A。

二、控制屏使用简介

实验装置控制屏如图 7.1.1 所示。

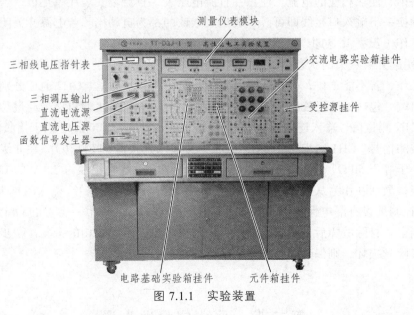

图 7.1.1 实验装置

① 接入三相电源，将钥匙开关从关的状态打到开的状态，此时控制屏接入三相电源，停止按钮指示灯（红色）亮。将电压指示切换开关打到三相电网输入一侧，控制屏顶部三只电压指针表将显示电路的线电压 380 V，三只表摆动的角度应一样大，三相平衡。线电压指针表测量范围 0 ~ 450 V。

② 将控制屏左侧的调压器旋钮逆时针旋转到底,即最小。按下启动按钮,启动指示灯(绿色)亮,停止指示灯(红色)灭,此时可用相应的交流电压表测量 U1,V1,W1,N1 之间的电压,线电压 380 V,相电压 220 V,且固定不可变。将电压指示切换开关打到三相调压输出一侧,用交流电压表测量 U,V,W,N 之间的电压,线电压 0~450 V 可调,相电压 0~250 V 可调,同时观察控制屏顶部的三只电压指针表所显示的线电压值跟调压输出侧的线电压值是否一致。

③ 启动之后,将恒流源开关闭合,直流电流源的显示屏亮,显示 0.00。通过波段开关的切换,选择恒流输出的量程,分别为 2 mA,20 mA,500 mA。选择合适的量程之后,在恒流输出口接上一定的负载,将会输出一定的电流,此时显示屏上将会显示一定的输出电流值,通过调节电位器旋钮,可以调整输出电流的大小。注意:根据实际需要,选择合适的量程,防止超量程,如果超量程,则选择更大的量程即可;注意电流输出的正负,面板上已有标示。

④ 启动之后,将电压源开关闭合,此时直流电压源显示屏上会显示一定的电压值,通过按动琴键开关,进行电压显示切换。若琴键开关处于原始状态(没按),此时直流电压源显示屏上将显示 V1 的电压;若按下琴键开关,则直流电压源显示屏上将会显示 V2 的电压值。V1,V2 的值可通过相应的电位器进行调节,输出 0~30 V 可调。

⑤ 将钥匙开关从关的状态打到开的状态,将控制屏长条板上的电源开关闭合,此时相应的交流数字电压表,交流数字电流表,直流数字电压表,直流数字毫安表,交流毫伏表将会工作,分别显示 0.0000,000.00,0.0000,-0.000,0.000。在测量电路中相应的电压、电流参数时,只需将导线接入相应的输入口即可测量。电压表并在负载两端测取电压值,电流表串在被测支路中,测取相应的电流。注意:直流电压表,直流毫安表注意正负,若测取的数值为负值,调换一下输入口接线即可。一般出厂默认的都为自动挡。若电源开关闭合,所有测量仪表不工作(没亮),初步判断保险丝损坏。

⑥ 将钥匙开关从关的状态打到开的状态,将控制屏左下角的电源开关闭合,此时函数信号发生器工作,若不能工作,可能是因为保险丝损坏。CH1 通道、CH2 通道分别为两路独立的信号输出端,包括输出正弦波,方波,三角波等,同时将 CH1 通道信号经过功率模块放大输出。EXT.IN 测量信号输入连接器 BNC 连接器,输入阻抗为 100 kΩ。用于接收频率计/计数器测量的被测信号。CH1 同步 TTL 输出/级联信号输入连接器:[TTL.IO]。在非级联的情况下输出阻抗小于等于 50 Ω,通常用于 CH1 的同步信号输出,输出幅值为 3.3 V 的 LVTTL 方波。在级联功能被激活并作为从机工作时,作为系统外同步信号输入信号,输入阻抗大于 100 kΩ。

⑦ 本控制屏设有漏电保护(≥70 V),过流保护(≥2.4 A),一旦超过设定值,控制屏就会自动断电。排除故障后,重新启动即可。如果主电路发生缺相的情况,初步判断保险丝损坏。若保险丝损坏,则保险丝座会亮起来(红色)。

第二节　函数信号发生器

函数信号发生器是一款集函数信号发生器、任意波形发生器和频率计等功能于一身的信号发生器,可产生正弦波、方波、三角波、锯齿波、脉冲波等波形。

面板、接口示意图如图 7.2.1 所示，其面板、接口说明如表 7.2.1 所示。

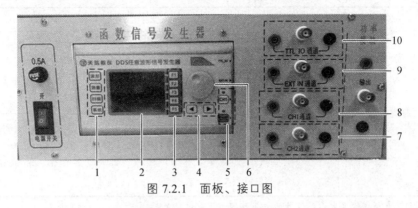

图 7.2.1　面板、接口图

表 7.2.1　面板说明

序号	描述	序号	描述
1	功能按键区	6	调节旋钮/OK 键
2	彩色液晶显示屏	7	CH1 输出端口
3	菜单键	8	CH2 输出端口
4	方向键	9	外测量端口
5	通道控制开关	10	TTL 输入/输出端口

1. 前面板功能区

面板功能简介如表 7.2.2 所示。

表 7.2.2　前面板功能

项目	名称		说　明
1	功能快捷键，用于切换信号发生器的功能	波形	可在正弦、方波、三角波、各类型任意波之间顺序切换。更改被选中的通道信号类型
		测量	可切换至频率计和计数器功能，测量外部输入信号的频率、周期、占空比、正脉宽
		扫描	可对正弦波、方波、锯齿波和任意波进行波形扫描
		系统	用于设置辅助功能参数和系统参数
2	LCD 显示屏		2.4 英寸 TFT（320×240）彩色液晶显示屏，显示当前功能的菜单和参数设置、系统状态以及提示消息等内容
3	菜单软键		与其左侧显示的菜单一一对应，按下该软键激活相应的菜单
4	调节旋钮		① 使用旋钮设置参数时，可以增大（顺时针）或减小（逆时针）当前光标处的数值。 ② 在频率参数编辑时，向下按动旋钮可更改频率单位。 ③ 在扫描界面时，向下按动旋钮可启动/停止扫描状态
5	方向键		使用旋钮设置参数时，用于移动光标以选择需要编辑的位

项目	名称	说　　明
6	通道控制区	**CH1**　用于控制 CH1 的输出，并可在任意界面下切换至 CH1 参数设置界面。按下该按键，CH1 灯变亮，打开 CH1 输出。此时[CH1]连接器以当前配置输出信号。再次按下该键，指示灯熄灭，关闭 CH1 输出
		CH2　用于控制 CH2 的输出，并可在任意界面下切换至 CH2 参数设置界面。按下该按键，CH2 灯变亮，打开 CH2 输出。此时，[CH2]连接器以当前配置输出信号。再次按下该键，指示灯熄灭，关闭 CH2 输出

注意：为了避免损坏仪器，输入信号的电压范围不得超过±20 V。

2. 用户界面

用户界面图如图 7.2.2 所示。功能说明如表 7.2.3 所示。

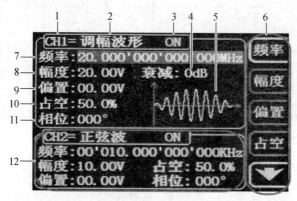

图 7.2.2　用户界面（CH1 通道被选中）

表 7.2.3　功能说明

项目	描　　述
1	当前选中通道状态栏显示当前可调整参数的通道
2	当前选中通道波形类型显示当前已选中功能的名称。例如："CH1＝调幅波形"表示当前选中通道 CH1 为正弦波功能，可通过前面板 WAVE 按钮来更改波形类型。此外，在更改波形类型功能激活时，可使用参数调节旋钮来对波形类型执行快速切换操作
3	当前选中通道输出状态栏显示当前通道输出开启/关闭状态，可通过调整前面板通道控制按键 "CH1" "CH2" 按钮改变输出状态
4	衰减： 显示当前通道幅度衰减状态（有 0DB 和 20DB 可选），按▼进入单通道扩展界面，按 "衰减" 按钮菜单后改变该参数
5	波形指示： 显示当前选中通道选定的波形（包含显示用户自定义任意波形）
6	菜单栏： 显示当前已选中功能对应的操作菜单

项目	描 述
7	频率： 显示当前选中通道波形的频率。按相应的"频率"按钮使频率显示值突出显示，通过方向键和调节旋钮改变该参数
8	幅度： 显示当前选中通道波形的幅度。 按相应的"幅度"按钮使幅度显示值突出显示，通过方向键和旋钮改变该参数
9	偏移： 显示当前选中通道波形的直流偏移。按相应的"偏移"按钮使偏移显示值突出显示，通过方向键和旋钮改变该参数
10	占空比： 显示当前选中通道波形的占空比。按相应的"占空"按钮使占空显示值突出显示，通过方向键和旋钮改变该参数
11	相位： 显示各通道当前波形的相位。按相应的"相位"按键（必要时需按下翻按钮）菜单后，通过方向键和旋钮改变该参数
12	未选中通道各参数状态： 显示未选中通道当前波形的频率、幅度、偏置、相位、占空比、输出状态等信息。此栏目内参数在当前界面下不能被直接更改，如需更改请将该通道切换为选中通道

二、前面板操作

① 选择输出通道。前面板"CH1""CH2"键用于切换 CH1 或 CH2 为当前选中通道。开机时，仪器默认选中 CH1，用户界面中 CH1 对应参数显示位于屏幕的上半部，且通道状态栏的边框显示为黄色。此时，按下前面板"CH2"键可选中 CH2，用户界面中 CH2 对应参数显示位于屏幕的上半部，且通道状态栏的边框显示为蓝色。选中所需的输出通道后，可以配置所选通道的波形和参数。

② 选择波形。FY2300 可输出函数/任意波形，包括：正弦波，方波（占空比可调），三角波，升锯齿波，降锯齿波，洛仑兹脉冲波等。

按前面板"WAVE"可切换当前选中通道的波形状态，也可在波形切换激活的状态下通过调节旋钮快速切换，波形的图形将显示在波形显示区。开机时，仪器默认选中正弦波。

③ 设置频率。频率是基本波形最重要的参数之一。基于不同的信号和不同的波形，出厂默认设置为 10 kHz。

按"频率"键使频率参数突出显示。此时，使用方向键和旋钮设置参数的数值，使用方向键移动光标选择需要编辑的位，然后旋转旋钮修改数值。按下调节旋钮（OK 键）即可更改频率的单位。可选的频率单位有：MHz、kHz、Hz、mHz 和 μHz。

④ 设置幅度。幅度的可设置范围受"衰减"和"频率"设置的限制，默认值为 10 V_{pp}。按"幅度"键使幅度参数突出显示。此时，使用方向键和调节旋钮设置幅度的数值：使用方向键移动光标选择需要编辑的位，然后旋转旋钮修改数值。当输出衰减设置为 20 dB 时，输出幅度将会降低 10 倍。

要点说明：V_{pp} 是表示信号峰峰值的单位，V_{rms} 是表示信号有效值的单位。仪器默认使用 V_{pp}。

⑤ 设置偏置电平。直流偏置电压的可设置范围受"衰减"设置的限制，默认值为 $0\ V_{dc}$。屏幕显示的 DC 偏置电压为默认值或之前设置的偏置。当衰减改变时，仪器则自动将偏置设置为衰减以后的值。按"偏置"键使偏置参数突出显示。此时，使用方向键和调节旋钮设置偏置的数值：使用方向键移动光标选择需要编辑的位，然后旋转旋钮修改数值。

⑥ 设置占空比（方波）。占空比定义为，方波波形高电平持续的时间所占周期的百分比，如图 7.2.3 所示。该参数仅在选中方波时有效。

$$占空比 = \frac{t}{T} \times 100\%$$

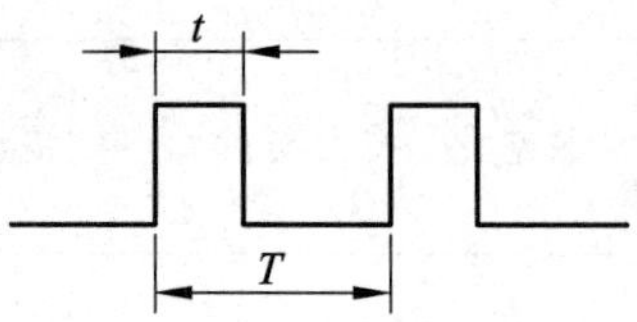

图 7.2.3 方波波形

占空比的可设置范围受"频率"设置的限制。默认值为 50%。

按"占空"软键使占空比参数突出显示。此时，使用方向键和旋钮设置参数的数值：使用方向键移动光标选择需要编辑的位，然后旋转旋钮修改数值。本仪器占空比调节范围为 0.1% ~ 99.9%；在占空比调节状态下按下调节旋钮（OK 键），占空比会初始化为 50%。

⑦ 设置相位。起始相位的可设置范围为 0° ~ 359°。默认值为 0°。屏幕显示的起始相位为默认值或之前设置的相位。配合"▼"软键和"相位"软键使相位参数突出显示。此时，使用方向键移动光标选择需要编辑的位，然后旋转旋钮修改数值。

⑧ 启用通道输出。

完成已选波形的参数设置之后，您需要开启通道以输出波形。输出关闭时，对应通道按键上方的 LED 灯熄灭，输出启动，LED 灯点亮。开机默认 CH1 和 CH2 都启用输出，此时，"CH1""CH2"按键上方的 LED 点亮。

函数信号发生器的其他功能，可以在使用过程中进一步熟悉和掌握。

第三节 GOS6031 型示波器使用说明

一、概　述

GOS6031 型示波器为手提式示波器，该示波器具有以微处理器为核心的操作系统，它具有两个输入通道，每一通道垂直偏向系统具有从 1 mV 到 20 V 共 14 挡可调，水平偏向系统可在 0.2 μs ~ 0.5 s 内调节。仪器具有 LED 显示及蜂鸣报警，TV 触发，光标读出，数字面板设定，面板设定存储及呼叫等多种功能。

二、面板介绍

GOS-6021 示波器的前面板可分为：1-垂直控制（Vertical），2-水平控制（Horizontal），3-触发控制（Trigger）和 4-显示控制四个部分，如图 7.3.1 所示。

图 7.3.1　GOS-6031 示波器面板图

下面分部分介绍实验中常用的一些旋钮的功能和作用。

1. 垂直控制

如图 7.3.2 所示，垂直控制按钮用于选择输出信号及控制幅值。

① CH1，CH2：通道选择。

② POSITION：调节波形垂直方向的位置。

③ ALT/CHOP：ALT 为 CH1，CH2 双通道交替显示方式，CHOP 为断续显示模式。

④ ADD-INV：ADD 为双通道相加显示模式。此时，两个信号将成为一个信号显示。

　　INV：反向功能，按住此钮几秒后，使 CH2 信号反向 180° 显示。

⑤ V/div：波形幅值挡位选择旋钮，顺时针方向调整旋钮，以 1 – 2 – 5 顺序增加灵敏度，反时针则减小。挡位可从 1 mV/div 到 20 V/div 之间选择。调节时挡位显示在屏幕上。按下此旋钮几秒后，可进行微调。

⑥ AC/DC：交直流切换按钮。

⑦ GND：按下此钮，使垂直信号的输入端接地，接地符号"⏚"显示在 LCD 上。

2. 水平控制

如图 7.3.3 所示，水平控制可选择时基操作模式和调节水平刻度、位置和信号的扩展。

图 7.3.2　垂直控制部分面板

图 7.3.3　水平控制部分面板

① POSITION：信号水平位置调节旋钮。将信号在水平方向移动。

② TIME/DIV-VAR：波形时间档位调节旋钮。顺时针方向调整旋钮，以 1 – 2 – 5 顺序增加灵敏度，反时针则减小。挡位可在 0.5 s/div 到和 0.2 μs/div 之间选择。调节时挡位显示在屏幕上。按下此旋钮几秒后，可进行微调。

③ ×1/MAG：按下此钮，可在 ×1（标准）和 MAG（放大）之间切换。

④ MAG FUNCTION：当 ×1/MAG 按钮位于放大模式时，有 ×5，×10，×20 三个挡次的放大率。处于放大模式时，波形向左右方向扩展，显示在屏幕中心。

⑤ ALT MAG：按下此钮，可以同时显示原始波形和放大波形。放大波形在原始波形下面 3div（格）距离处。

3. 触发控制

触发控制面板如图 7.3.4 所示。

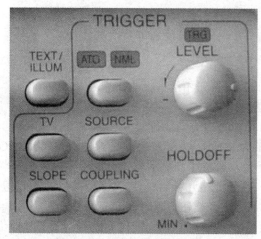

图 7.3.4　触发控制部分面板

① ATO/NML 按钮及指示 LED：此按钮用于选择自动（AUTO）或一般（NORMAL）触发模式。通常选择使用 AUTO 模式，当同步信号变成低频信号（25 Hz 或更少）时，使用 NOMAL 模式。

② SOURCE：此按钮选择触发信号源。当按钮按下时，触发源以下列顺序改变：

VERT—CH1—CH2—LINE—EXT—VERT，其中：

VERT（垂直模式）：触发信号轮流取至 CH1 和 CH2 通道，通常用于观察两个波形。

CH1：触发信号源来自 CH1 的输入。

CH2：触发信号源来自 CH2 的输入端。

LINE：触发信号源从交流电源取样波形获得。

EXT：触发信号源从外部连接器输入，作为外部触发源信号。

③ TRIGGER LEVEL：带有 TRG LED 的控制钮。通过旋转调节该旋钮触发稳定波形。如果触发条件符合时，TRG LED 亮。

④ HOLD OFF—控制钮。

当信号波形复杂，使用 TRIGGER LEV 无法获得稳定的触发，旋转该旋钮可以调节 HOLD-OFF 时间（禁止触发周期超过扫描周期）。当该旋钮顺时针旋到头时，HOLD-OFF 周期最小，反时针旋转时，HOLD-OFF 周期增加。

4. 显示器控制

显示器控制面板用于调整屏幕上的波形，提供探棒补偿的信号源。

① POWER：电源开关。

② INTEN：亮度调节。

③ FOCUS：聚焦调节。

④ TEXT/ILLUM：用于选择显示屏上文字的亮度或刻度的亮度。该功能和 VARIABLE 按钮有关，调节 VARIABLE 按钮可控制读值或刻度亮度。

⑤ CURSORS：光标测量功能。在光标模式中，按 VARIABLE 控制钮可以在 FINE（细调）和 COARSE（粗调）两种方式下调节光标快慢。

⑥ SAVE/RECALL：此仪器包含 10 组稳定的记忆器，可用于储存和呼叫所有电子式选择钮的设定状态。按住 SAVE 按钮约 3 s 将状态存贮到记忆器，按住 RECALL 钮 3 s，即可呼叫先前设定状态。

由于示波器旋钮和按键较多，其他旋钮、按键及其功能介绍参见仪器使用说明书。

三、基本操作方法

1. 面板一般功能的检查

打开电源开关前，先检查输入的电压，将电源线插入后盖板上的交流插座。

① 将有关控制件置于表 7.3.1 位置；

② 接通电源开关，电源指示灯亮，稍等预热，屏幕中出现光迹，分别调节亮度聚焦旋钮，使光迹的亮度适中、清晰；

③ 通过连接电缆将本机校准信号输入至 CH1 通道；

④ 调节电平旋钮使波形稳定，分别调节垂直移位和水平移位，使波形与图 7.3.5 相吻合。

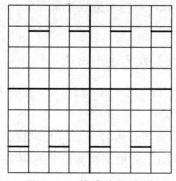

图 7.3.5　校准信号波形

⑤ 将连接电缆换至 CH2 通道插座，垂直方式置 "CH2"，重复④操作。

表 7.3.1　控制旋钮的作用位置

控制件名称	作用位置	控制件名称	作用位置
亮度（INTENSITY）	居中	输入耦合	**DC（直流）**
聚焦（FOCUS）	居中	触发方式（TRIG MODE）	自动（AUTO）
位移（POSITION）	居中	触发源（SOURCE）	内（INT）
垂直方式（MODE）	CH1	触发电平（TRIG LEVEL）	中间
VOLTS/DIV	0.1 V 挡	触发极性	+
微调（VARIABLE）	校准位置	TIME/DIV	0.5 ms

2. 亮度调节

调节辉度电位器使屏幕显示的轨迹、亮度适中，一般观察不宜太亮，以免荧光屏老化。高亮度显示用于观察一些低重合频率信号的快速显示。

3. 测量前的调整

① 轨迹旋转（TRACE ROTATION）：在正常情况下，被显示波形的水平轴方向应与屏幕的水平刻度线平行，由于地磁或其他某些原因造成误差，可按下列步骤检查或调整。

首先预置仪器控制件，使屏幕获得一个扫描线，然后调节垂直移位，使扫描基线处于水平刻度的中心，检查扫描基线与水平刻度线是否平行，若不平行，用起子调整面板 "TRACE ROTATION" 控制件。

② 探头补偿：探头的调整用于补偿由于示波器输入特性的差异而产生的误差。调整方法为：首先按表 7.3.1 设置面板控制件，并获得一扫描基线；然后设置 "VOLTS/DIV" 为 "0.1"；将 CH1 的探头插入插座，探头衰减置 1 挡，并与本机校准信号连接，操作有关控制件，使屏幕获得与图 7.3.5 一样的波形。

四、示波器使用过程中的异常现象及其纠正方法

在使用示波器的过程中，操作者若对示波器的基本原理和面板上控制开关、旋钮等的基本功能了解不清，则会因调节和操作不当而造成异常现象，现仅对一些常见的异常现象分析和纠正办法做些简单介绍。

1. 屏幕上无光点（扫描线）或无波形出现

一台完好的示波器，当屏幕上不出现光点（扫描线）或被测波形时，可能由以下原因造成：

① 辉度、聚焦旋钮调节不当。

② Y 轴位移、X 轴位移调节不当；可将 Y 轴、X 轴位移旋钮置于中间位置。

③ 扫描频率不与被测信号同步，应根据被测信号的频率来选择适当扫描时间，电平调节旋钮调节不合适。

④ 触发方式选择不当，触发源及触发信号耦合方式选择不当。

⑤ Y 通道输入信号耦合开关或 Y 轴显示方式选择不当。

⑥ Y 轴偏转因数（"V/div"）开关或"V/div"的微调旋钮没调节好；要反复调节"V/div"及它的微调旋钮，直至扫描线不会随"V/div"开关的换挡（或微调旋钮的转动）而上下移动为止，否则，说明 Y 轴放大电路的直流平衡没有调整好。

2. 屏幕上波形在水平方向展不开

一台正常的示波器，如果观察信号波形时波形展不开，一般可能有以下情况：

① 由于没有触发信号，致使无锯齿波电压产生而不扫描。

原因可能有二：一是触发源选择开关置于外挡，而又无外触发信号输入，致使无锯齿波扫描电压产生，造成波形在水平方向展不开；或是对于双踪示波器，触发源选择开关置于内触发挡，在只使用 Y1 通道时，而内触发开关置于 Y2 位置，而 Y2 通道又无信号输入，此时扫描的触发信号从 Y2 通道的输入信号中就取不出来，故导致无锯齿波扫描电压产生，而波形展不开。

② 虽有触发信号而无锯齿波扫描电压。一般在有触发信号的情况下，只要仔细调节触发电平旋钮，总能触发扫描电压，产生锯齿波，能使被观察波形在屏幕上展开。

3. 屏幕上波形不稳定

一台正常的示波器在观察电信号波形时，一般只要适当调节触发电平旋钮，便能使屏幕上的波形稳定。如果不能稳定下来，往往有下面几种情况：

① 扫描电路处于自激扫描状态，这时应重新调节，改"自动"扫描方式为"常态"，使扫描电路处于等待扫描，再将触发电平旋钮调至锁定位置，使触发电平自动保持在最佳状态。

② 触发耦合方式开关选择不当，一般当触发信号频率大于 100 Hz 时，可选 AC 挡；当触发信号频率在 10 Hz ~ 100 Hz 时，选 DC 挡；

③ 通常观察信号波形时，触发方式开关置于"常态"位置，触发源选择开关应置于"内"档，调节触发电平旋钮，即能使屏幕上波形稳定。

在使用示波器前的检查中，扫描方式选择置于"自动"位置，此时扫描电路处于自激状态，波形即能展开（此时调节触发电平旋钮不起作用）。

4. 垂直方向的电压读数不准

一台正常的示波器，在用本机校准信号校准后，即可按 Y 轴偏转因数（"V/div"）开关的指示值和屏幕上波形的垂直幅度距离读出被测信号电压的幅度，但是往往有以下几种原因会导致电压读数不准，甚至相差甚远。

① 用校准信号校准时，"V/div"开关的微调旋钮置于校准位置。测量信号电压时，也只有当微调旋钮置于校准位置时，才能按"V/div"开关的指示值读出被测信号电压的幅度值，否则读数不准。另外，如果使用了 10∶1 的衰减探头输入被测信号，应将读数乘以 10。

② 被测信号的频率超过示波器的最高使用频率时，由于示波器 Y 通道增益下降，会造成电压读数比实际值小。

5. 水平方向的时间读数不准

用示波器测信号的周期或频率时，可能有以下几种情况造成读数不准：

① 扫描时间因数（扫描速度）（t/div）开关的微调旋钮应置于校正位置，否则不能按"t/div"开关的指示值进行读数。

② 当"t/div"开关的微调旋钮被拉出时，由于 X 轴增益扩大 5 倍，"t/div"开关的指示值也扩大 5 倍。所测得结果应除以 5 才是被测时间值。否则，会造成很大误差。

6. 含直流分量的交流信号的直流电压值分辨不清

观察含直流分量的交流信号时，分辨不清直流电压的极性和大小的原因有：

① Y 轴输入耦合选择开关误置 AC 挡，以致隔离了信号中的直流分量。

② 没有校准直流电平参考电位点。进行直流电平参考点校准时，先将 Y 轴输入耦合开关置于"⊥"（接地）位置，调节 Y 轴位移旋钮，将扫描线移到水平轴线上，在观测信号过程中不能再调节 Y 轴位移旋钮，否则就改变了直流电平参考电位点。

7. 测不出两个信号间的相位差

用双踪示波器测量两个同频率信号间的相位差简便易行。但是，当测量两个信号的相位差时，若误将触发扫描方式选为"常态内触发"，则因为此时取自 Y1 和 Y2 通道的两个触发信号经电子开关"交替"或"断续"地分别进行触发扫描，从而在屏幕上显示出两条初始位置相同的扫描线，不能显示出两个信号间的相位差。纠正的办法是：应把触发扫描信号只取自于 Y1 或 Y2 的输入信号；或将 Y1 或 Y2 信号从外触发输入端钮输入，作为外触发源，能得到预期的效果。

五、注意事项

① 在充分了解示波器的各个旋钮、开关的作用后，才可使用示波器。示波器荧光屏上的扫描线（或光点）不宜过亮或长时间停在一个地方不动，以防损坏荧光屏。

② 测量被测信号的幅度和周期时，应分别将"V/div"与"t/div"开关的微调旋钮置于校正位置，否则测量结果不准确。

③ 一般示波器对每一个信号的输入，都有额定的最高允许电压范围，应根据示波器技术说明书中规定的范围使用，不能加过高的输入信号电压。

④ 应尽量在荧光屏有效面内进行测读，以减小测量误差。

⑤ 聚焦和辉度调节旋钮应调好，使光线更细更清晰，便于测读，以减小测量误差。

⑥ 实验中所用的电子仪器与被测电路应共地。

⑦ 为得到使用仪器说明书中所示的技术性能指标，仪器应在环境温度为 0 ℃~40 ℃，且无强烈的电磁干扰的情况下使用。

⑧ 为防止电击，电源线要接地。

⑨ 示波器及探棒输入端子所能承受的最大电压如表 7.3.2 所示。

表 7.3.2　输入端最大电压

输入端	最大输入电压	
CH1，CH2 输入端	400 V	（DC + AC Peak）
EXT TRIG 输入端	400 V	（DC + AC Peak）
探棒输入端	600 V	（DC + AC Peak）
Z 轴输入端	30 V（DC + AC Peak）	

第四节　测量仪表简介

一、智能直流电压表

智能直流电压表面板如图 7.4.1 所示。

图 7.4.1　智能直流电压表面板

该直流电压表测量范围：直流电压 0.0000 ~ 499.00 V，量程设置为 2 V、20 V、200 V、500 V，可自动切换且具有手动换挡功能。菜单键可以选择 SAVE、DISP、CLr、RANGE、485、UPPEr 六个模式，退出键可以退出某一状态，确认键可以进入上述模式中的子模式，复位键可以复位到最初的状态，显示当前直流电压值。

二、智能直流电流表

智能直流电流表面板如图 7.4.2 所示。

图 7.4.2　智能直流电流表面板

该直流电流表采用专用 DSP 数字测量芯片和微处理器技术设计，具有掉电保护和看门狗电路。五位高可视度 LED 数码显示。测量范围：0.000 0 ~ 1 999.0 mA，量程设置为 20 mA、200 mA、2 000 mA，可自动切换且具有手动换挡功能。菜单键可以选择 SAVE、DISP、CLr、RANGE、485、UPPEr 六个模式，退出键可以退出某一状态，确认键可以进入上述模式中的子模式，复位键可以复位到最初的状态，显示当前直流电流值。

三、智能交流电压表

智能交流电流表面板如图 7.4.3 所示。

图 7.4.3　智能交流电流表面板

该交流电压表测量范围：0.000 0 ~ 500 V，量程设置为 2 V、20 V、200 V、500 V，可自动切换且具有手动换挡功能。菜单键可以选择 SAVE、DISP、CLr、RANGE、485、UPPEr、U 七个模式，退出键可以退出某一状态，确认键可以进入上述模式中的子模式，复位键可以复位到最初的状态，显示当前交流电压值。

四、智能交流电流表

智能交流电流表面板如图 7.4.4 所示。

图 7.4.4　智能交流电流表面板

五、单相多功能表

菜单	SAVE	确认	001－010	确认	保存当前测量数据			
	DISP		001－010	确认	查看保存的数据			
	CLr		清除所有保存数据					
	485		菜单	baud	确认	菜单	1200	确认	设置波特率
							2400		
							4800		
							9600		
				addr	确认	菜单	001－020		设置通信地址
	P		当前有功功率测量值					
	U		当前测量电压值					
	I		当前电流测量值					
	q		当前无功功率测量值					
	COS		当前功率因数测量值					
	FrEq		当前电压频率值					

六、交流数字毫伏表

　　能对正弦波、方波、三角波等信号（20 Hz～10 kHz）的电压真有效值大小进行测量，测量范围 0～600 V，量程自动判断、自动切换，精度 0.5 级，四位数码显示，下端指示灯亮指示单位为 mV，上端指示灯亮指示单位为 V，同时能对数据进行存储、查询、修改、清零（共15 组，掉电保存）。

　　按键的使用：

　　① 接好线路→开机→选定"功能"→按"确认"→待显示的数据稳定后，读取数据。

　　② 存储：按"功能"键→选定"save"→按"确认"键→显示 1（表示第一组数据已经贮存好）。如重复上述操作，显示器将顺序显示 2、3……E、F，表示共记录并贮存了 15 组测量数据。

　　③ 查询：按"功能"键→选定"disp"→按"确认"键显示组数→再按"确认"键显示当前组贮存的数据，继续按"确认"键循环显示其余组组数及所存数据。

　　④ 清零：按"功能"键→选定"CL"→按"确认"键→显示"SU"→再按"确认"键清除所有贮存的数据，清零完后按"复位"键回到测量状态。

　　⑤ 修改：按"功能"键→选定"save"→按"数据"键→显示存储组数（连续按数据键可循环显示组数），选定需要修改的组数→按"确认"键，替换所选组数的存储数据并且退回到测量状态。

参考文献

[1] 邱关源. 电路（第五版）[M]. 北京：高等教育出版社，2015.

[2] 陈晓平，李长杰. 电路实验与 Multisim 仿真设计[M]. 北京：机械工业出版社，2015.

[3] 刘东梅. 电路实验教程[M]. 北京：机械工业出版社，2013.

[4] 余佩琼. 电路实验与仿真[M]. 北京：电子工业出版社 2016.

[5] 余佩琼，孙惠英. 电路实验教程[M]. 北京：人民邮电出版社出版，2010.

[6] 赵莉，刘子英. 电路测试技术基础[M]. 成都：西南交通大学出版社，2004.

[7] 汪建. 电路实验[M]. 武汉：华中科技大学出版社，2003.

[8] 范爱平. 电子电路实验与虚拟技术[M]. 济南：山东科学技术出版社，2001.

[9] 姚缨英. 电路实验教程（第 3 版）[M]. 北京：高等教育出版社，2017.

[10] 陶健，武凤斌. 电工仪表与测量[M]. 北京：北京交通大学出版社，2016.